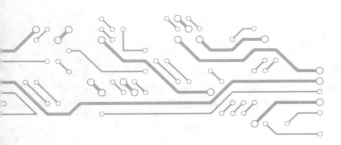

医疗设备 Medical Equipment
数字电路技术实训

朱承志 郭 刚 主编

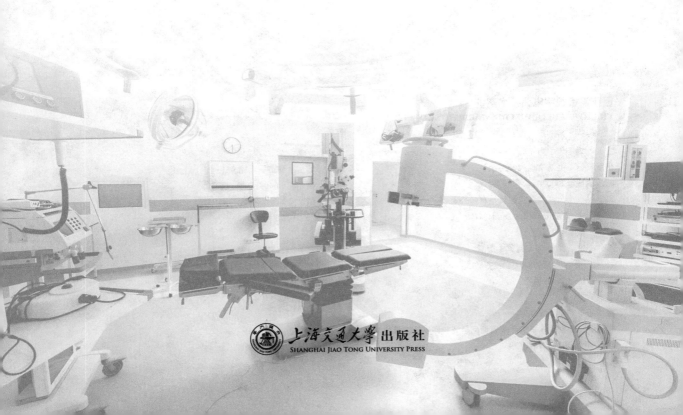

上海交通大学出版社
SHANGHAI JIAO TONG UNIVERSITY PRESS

内容提要

本书是与《医疗设备数字电路技术》相配套的实训教材，主要内容包括数字电路常用元器件的封装、品质检查方法、电路手工装配技能、常用数字电路组成、功能分析与调试、典型故障排查与排除方法。本书可作为高职、高专医疗器械类专业学生的辅导用书，也可作为在有源医疗器械生产企业中从事生产、检测、调试和售后等工作员工的技能培训教材。

图书在版编目（CIP）数据

医疗设备数字电路技术实训 / 朱承志，郭刚主编．
— 上海：上海交通大学出版社，2024.1
ISBN 978-7-313-29769-3

Ⅰ.①医… Ⅱ.①朱… ②郭… Ⅲ.①医疗器械 – 数字电路 Ⅳ.① TN79

中国国家版本馆 CIP 数据核字〔2023〕第 208324 号

医疗设备数字电路技术实训
YILIAO SHEBEI SHUZI DIANLU JISHU SHIXUN

主　　编：朱承志　郭　刚
出版发行：上海交通大学出版社　　　　　　　　地　　址：上海市番禺路 951 号
邮政编码：200030　　　　　　　　　　　　　　电　　话：021-64071208
印　　制：上海文浩包装科技有限公司　　　　　经　　销：全国新华书店
开　　本：787mm×1092mm　1/16　　　　　　印　　张：19.25
字　　数：439 千字
版　　次：2024 年 1 月第 1 版　　　　　　　　印　　次：2024 年 1 月第 1 次印刷
书　　号：ISBN 978-7-313-29769-3
定　　价：58.00 元

编 委 会

主　编

　　朱承志　湘潭医卫职业技术学院
　　郭　刚　湘潭市中心医院

副主编

　　胡希俅　湖北中医药高等专科学院
　　李昌锋　福建生物工程职业技术学院
　　杨东海　漳州卫生职业学院

编　委

　　张　科　上海芯诚博宇电子科技有限公司
　　谢　玲　湘潭医卫职业技术学院
　　荣　华　湘潭医卫职业技术学院
　　邓志强　湘潭惠康医疗设备有限公司

前　言

　　本书是一本面向高等专科院校、高等职业教育的智能医疗装备技术、医疗器械维护与管理等医疗器械类专业的实训教材，也可作为在有源医疗器械生产企业生产、检测、调试和售后等工作的员工的技能培训教材。

　　本书以项目任务为驱动，教师为主导，学生为主体，适用于教、学、做一体化教学。项目精心选取常用医疗设备的数字电路为载体，参照实际工作内容，设计真实工作任务，每个项目设置元器件品质检查、电路装接与质量控制、电路原理分析与功能调试、典型故障检修等典型工作任务。工作任务参照企业相应岗位的标准作业流程（SOP）编写，操作流程科学严谨合理，操作内容详细清晰，检验或判断有标准可依。

　　学习者在作业指导书引导下，通过自主学习和现场教师指导，可以高效、标准地完成各项操作，有效提高数字医疗设备生产、检测、调试和售后所需的各项专业技能。同时，在实际应用中强化对数字电路的基础理论、标准规范和检测调试工程方法的理解与同化。因此，本书可为医疗器械类专业核心课程的学习打下坚实的基础。

　　本书共有10个项目，每个项目、每个任务可以独立实施。项目一、四、九由朱承志编写，项目三、六、十由郭刚编写，项目二由杨东海编写，项目五、七由李昌锋编写，项目八由胡希俅编写，另外还有谢玲、荣华、邓志强、张科参与了编写工作，全书由朱承志负责统稿。

　　衷心感谢上海健康医学院徐小萍教授、李晓欧教授的悉心指导。由于编者水平有限，书中难免存在一些疏漏和错误，欢迎读者对本书提出宝贵意见和建议。

编　者

2023年9月

目 录

项目一 基本逻辑电路的数字表达

设计者：朱承志[①] **胡希俅**[②] **邓志强**[③] **荣 华**[①]

项目简介

数字化的医疗设备，即数据采集、处理、存储与传输等过程均以"数字"技术为基础，在数字智能系统控制下工作的医疗设备已逐渐取代常规设备成为临床设备的主流。数字化的医疗设备可以将传感器所采集的人体生化、物理参数信息以"数字"的形式进行处理、存储及传送。

"与、或、非"三种基本逻辑既是数字技术的基础，也是数字智能系统设计的基础。"万丈高楼平地起"，掌握基本逻辑及其数字表达方法是将来从事数字化医疗设备的开发、调试与维修等工作的基本要求和起始点。

本次实训以BJT(晶体三极管)器件及其他元器件组成的数字基本逻辑为载体，通过三极管等元器件品质检验，基本逻辑电路的数字表达电路装接与质量检测，基本逻辑与或、非电路逻辑功能测试与数字表达推导等实训任务的训练，培养临床医学工程师掌握基本逻辑的电路结构模型、逻辑电路测试方法以及逻辑的数字表达方法，树立"点滴积累，成就汪洋"的学习意识，传承"遵章作业，精益求精"的工匠精神，提升专业能力与素养。

[①] 湘潭医卫职业技术学院
[②] 湖北中医药高等专科学校
[③] 湘潭惠康医疗设备有限公司

(一) 实训目的

1.职业岗位行动力

(1) 能够按作业指导检验直插电阻、贴片发光二极管、三极管的品质;

(2) 能够按作业指导手工装接基本逻辑实训电路并检查装接质量;

(3) 能够按作业指导搭建与、或、非逻辑电路并分析电路结构与功能;

(4) 能够按任务引导测量与、或、非电路参数,用数字表达电路逻辑功能;

(5) 能够区别物理变量、逻辑变量和填写基本逻辑真值表。

2.职业综合素养

(1) 树立"点滴积累,成就汪洋"的学习意识;

(2) 传承"遵章作业,精益求精"的工匠精神;

(3) 培养"分工协作,同心合力"的团队协作精神。

(二) 实训工具

表1-0-1 实训工具表

名称	数量	名称	数量	名称	数量
数字直流电源	1	锡丝、松香	若干	斜口钳	1
基本逻辑套件	1	防静电手环	1	调温烙铁台	1
数字万用表	1	镊子	1		

(三) 实训物料

表1-0-2 实训物料表

物料名称	型号	封装	数量	备注
贴片发光二极管	0805	0805D	1	红色
贴片电阻	1k	0805	2	
NPN三极管	9013/2N3904	TO92	2	
1P单排直插针	Header_1	SIP1	10	
3P单排直插针	Header_3	SIP3	2	
6P单排直插针	Header_6	SIP6	2	
跳线	母线	—	10	不同颜色
SPDT开关	SSD32	SIP3	2	
电源插座	公插座	2510SIP2	1	

(四) 参考资料

(1)《9013 数据手册》;

(2)《贴片发光二极管技术手册》;

(3)《贴片电阻技术手册》;

(4)《数字可编程稳压电源使用手册》;

(5)《数字万用表使用手册》;

(6)《IPC-A-610E电子组件的可接受性要求》。

(五) 防护与注意事项

(1) 佩戴防静电手环或防静电手套,做好静电防护;

(2) 爱护仪器仪表,轻拿轻放,用完还原归位;

(3) 有源设备通电前要检查电源线是否破损,防止触电或漏电;

(4) 使用烙铁时,防止锡珠飞溅伤人,施工人员建议佩戴防护镜;

(5) 焊接时,实训场地要通风良好,施工人员建议佩戴口罩;

(6) 实训操作时,不得带电插拔元器件,防止尖峰脉冲损坏器件;

(7) 实训时,着装统一,轻言轻语,有序行动;

(8) 实训全程贯彻执行6S。

(六) 实训任务

任务一　元器件品质检查

任务二　基本逻辑电路的数字表达电路装接与质量检查

任务三　逻辑与数字"0"与"1"的关系

任务四　与逻辑电路的数字表达

任务五　或逻辑电路的数字表达

任务六　非逻辑电路的数字表达

任务一 元器件品质检查

对应职业岗位 IQC/IPQC/AE

（一）1001(102)贴片电阻品质检查

1.贴片电阻封装与结构

图1-1-1 贴片电阻封装与结构

2.外观检验

表1-1-1 外观检验项目表

序号	检验项目	验收方法/工具	检查结果	完成时间
1	标称值清晰可见	目测	□合格 □不合格	
2	封装无破损、无裂缝	目测	□合格 □不合格	
3	电极镀锡规整，无脱落	目测	□合格 □不合格	

3.检验电阻阻值与误差

采用数字万用表欧姆挡测量阻值，计算测量值与标称值的误差。

1）读贴片电阻的标称值

贴片电阻标称值为_____，允许误差为_____。

注：四位数标法，前三个数为有效数字，第四位是数量级，如1002=100×10^2=10kΩ；贴片电阻采用四位数标法，精度为1%。

2）设置万用表

—— 选用数字万用表欧姆挡≥20kΩ量程，红表笔插入"Ω"端，黑表笔插入公共端(COM)，红、黑表笔短接，表显0Ω；

—— 红表笔接一个电极，黑表笔接另一个电极，读表显阻值；

—— 电阻测量值为_____；

—— 实际误差=［(测量值-标称值)/标称值］×100%=_____。

3）检验结果

—— 电阻阻值与误差　　合格 □　不合格 □

判断标准： 实际误差≤允许误差。

检验员(IQC)签名_____

检验时间_____

（二）贴片发光二极管品质检验

1.贴片发光二极管封装与电极

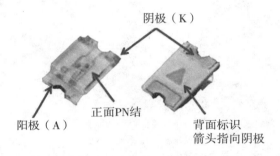

图1-1-2　贴片发光二极管0805D封装与结构

2.外观检验

表1-1-2　外观检验项目表

序号	检验项目	验收方法/工具	检查结果	完成时间
1	型号、品牌标记清晰可见	目测	□合格　□不合格	
2	封装完整无破损	目测	□合格　□不合格	
3	电极规整无缺，极性标记清晰	目测	□合格　□不合格	

3.检验发光二极管单向导通性

采用数字万用表二极管挡,测试正向发光(饱和),反向电阻无穷大(截止)。

1）设置万用表

—— 选用万用表,红表笔接"V/Ω/A"端,黑表笔接公共端;

—— 选择二极管挡,红、黑表笔短接,万用表发出蜂鸣声,确认万用表工作正常。

2）检测正向导通性

—— 红表笔接发光二极管阳极(A)引脚,黑表笔接发光二极管阴极(K)引脚;

—— 发光二极管发光,正向导通。

3）检测反向截止性

—— 红表笔接发光二极管阴极(K)引脚,黑表笔接发光二极管阳极(A)引脚;

—— 数字万用表显示电阻无穷大。

4）检验结果

—— 发光二极管正向导通性　合格 □　不合格 □

判断标准：二极管发光。

—— 发光二极管反向截止性　合格 □　不合格 □

判断标准：反向电阻无穷大。

检验员（IQC）签名_____

检验时间_____

（三）三极管9013/2n3904型TO92封装品质检验

1. 9013型TO92三极管封装与引脚

1. 发射极（E）
2. 基极（B）
3. 集电极（C）

图1-1-3　9013型TO92三极管封装与引脚

2. 外观检验

表1-1-3　外观检验项目表

序号	检验项目	验收方法/工具	检查结果	完成时间
1	型号、品牌标记清晰可见	目测	□合格　□不合格	
2	封装完整无破损	目测	□合格　□不合格	
3	引脚规整无缺	目测	□合格　□不合格	

3. 检验NPN三极管电流放大倍数（h_{FE}）

采用数字万用表测量三极管的h_{FE}参数，检验三极管放大功能是否正常。

1）设置万用表

—— 选用数字万用表的"h_{FE}"挡位。

2）测试h_{FE}参数

—— 9013三极管插入万用表NPN测试口，引脚号与万用表NPN插座号一致；

—— 手向下按压三极管，确保引脚与测试口接触良好；

—— 读表显示h_{FE}为_____。

3) 检验结果

—— 三极管h_{FE}参数　合格 □　不合格 □

判断标准：h_{FE}测量值在h_{FE}典型值表对应等级的范围内。

表1-1-4　h_{FE}典型值

等级	D	E	F	G	H	I	J
范围	64~91	78~112	96~135	112~166	144~202	190~300	300~400

检验员(IQC)签名_____

检验时间_____

（四）SPDT拨动开关品质检验

1.SPDT拨动开关封装与引脚

COM.公共端
P1.选择端1
P2.选择端2

P1　COM P2

图1-1-4　SPDT拨动开关封装与引脚

2.外观检验

表1-1-5　外观检验项目表

序号	检验项目	验收方法/工具	检查结果	完成时间
1	型号、品牌标记清晰可见	目测	□合格　□不合格	
2	封装完整无破损	目测	□合格　□不合格	
3	引脚规整无缺	目测	□合格　□不合格	

3.检验SPDT拨动开关通断性

采用数字万用表测量拨动开关是否控制公共端与选择端之间的通断,检验拨动开关功能是否正常。

1) 设置万用表

—— 选用万用表,红表笔接 "V/Ω/A" 端,黑表笔接公共端;

——选择二极管挡,红、黑表笔短接,万用表发出蜂鸣声,确认万用表工作正常。

2) 检验拨动开关控制通断性

—— 拨动开关到"P1"端;

—— 黑表笔接公共端,红表笔接"P1",_____(有/无)蜂鸣声;

—— 黑表笔接公共端,红表笔接"P2",_____(有/无)蜂鸣声;

—— 公共端与"P1"端_____(导通/断开),与"P2"端_____(导通/断开)。

—— 拨动开关到"P2"端;

—— 黑表笔接公共端,红表笔接"P1",_____(有/无)蜂鸣声;

—— 黑表笔接公共端,红表笔接"P2",_____(有/无)蜂鸣声;

—— 公共端与"P1"端_____(导通/断开),与"P2"端_____(导通/断开)。

3) 检验结果

—— 拨动开关控制公共端与"P1"端通断性　□合格　□不合格

—— 拨动开关控制公共端与"P2"端通断性　□合格　□不合格

判断标准: 拨动开关拨向哪端,哪端与公共端导通,另一端断开。

检验员(IQC)签名_____

检验时间_____

任务二 基本逻辑电路的数字表达电路装接与质量检查

对应职业岗位 OP/IPQC/FAE

(一) 电路原理图

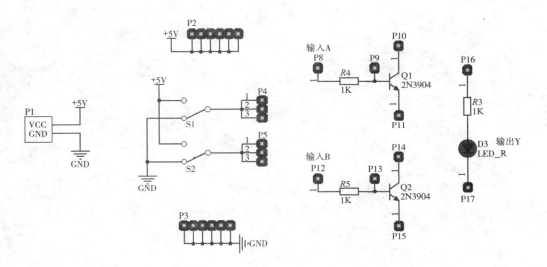

图 1-2-1 基本逻辑电路的数字表达原理图

(二) 电路装配图

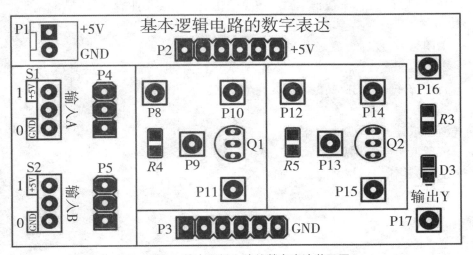

图 1-2-2 基本逻辑电路的数字表达装配图

(三) 物料单(BOM)

表1-2-1　物料单表

物料名称	型号	封装	数量	备注
贴片发光二极管	0805	0805D	1	红色
贴片电阻	1k	0805	2	
三极管	9013/2n3904	TO92	2	
1P单排直插针	HeadeR_1	SIP1	10	
3P单排直插针	HeadeR_3	SIP3	2	
6P单排直插针	HeadeR_6	SIP6	2	
跳线	母线	—	10	不同颜色
SPDT开关	SSD32	SIP3	2	
电源插座	公插座	2510SIP2	1	

(四) 电路装接流程

1.准备工作台

—— 清理作业台面,不准存放与作业无关的东西;

—— 焊台与常用工具置于工具区(执烙铁手边),设置好焊接温度;

—— 待焊接元件置于备料区(非执烙铁手边);

—— PCB板置于施工者正对面作业区。

2.按作业指导书装接

—— 烙铁台通电;

—— 将元件按"附件1:基本逻辑电路的数字表达电路装接作业指导书"整形好;

—— 执行"附件1:基本逻辑电路的数字表达电路装接作业指导书"装配电路。

3.PCB清理

—— 关闭烙铁台电源,放好烙铁手柄;

—— 电路装配完成,用洗板水清洗PCB,去掉污渍、助焊剂残渣和锡珠;

—— 将清洗并晾干的成品电路摆放在成品区。

4.作业现场6S

—— 清理工具,按区摆放整齐;

—— 清理工作台面,把多余元件上交;

—— 清扫工作台面,垃圾归入指定垃圾箱;

—— 擦拭清洁工作台面,清除污渍。

现场装配技师(OP)签名_____

_____年_____月_____日_____时_____分

附件1：

产品名称：基本逻辑电路的数字表达电路

产品型号：SDSX-01-04

基本逻辑电路的数字表达电路装接作业指导书

文件编号：SDSX-01

版本：4.0

发行日期：2022年5月24日

第1页，共3页

作业名称：插件1，电阻，发光二极与三极管装配			工序号：1		
工具：调温烙铁台、镊子、焊锡、防静电手环					
设备名称：放大镜					
	物料名称	规格/型号	PCB标号	数量	备注
1	贴片电阻	1k/0805	R3-R5	3	
2	发光二极管	红色/0805D	D3	1	
3	三极管	NPN/TO92	Q1、Q2	2	
作业要求	1. 对照物料表核对元器件型号，封装是否一致； 2. 烙铁通电，烙铁温度为350℃； 3. 贴装R4、R5、R3，贴片电阻，注意居中对齐； 4. 贴装D3，贴片发光二极管，注意正、负极性不能装错； 5. 留附插装Q1、Q2，直插三极管，注意引脚不能装错，三极管与PCB板面之间要保持3~5mm的距离； 6. 检查焊点，质量要至少达到可接受标准，清洁焊点。				
注意事项	端子侧面有润湿填充，最大填充高度可到端子顶部 K（N）极 背面标识，绿边K（N）极 指向K（N）极 正面发光，A（P）指向K（N）极				
图例 1					

2. 基本逻辑电路的数字表达

H = 3~5 mm

1发射极

产品名称：基本逻辑电路的数字表达电路　　文件编号：SDSX-01　　版本：4.0

产品型号：SDSX-01-04　　发行日期：2022年5月24日　　第2页，共3页

作业名称：插件2、1、6、3单排直插针				工序号：2	
工具：调温烙铁台、镊子、焊锡、防静电手环					
设备：放大镜					
	物料名称	规格型号	PCB标号	数量	备注
1	1P单排直插针	Header_1	P8~P17	10	
2	3P单排直插针	Header_3	P4、P5	2	
3	6P单排直插针	Header_6	P2、P3	2	
作业要求	1. 对照物料表核对元器件型号，封装是否一致； 2. 烙铁通电，烙铁温度为350℃； 3. 贴板插装P8~P17，SIP1公插头，长脚朝长； 4. 贴板插装P2、P3，SIP6公插头，长脚朝长； 5. 贴板插装P4、P5，SIP6公插头，长脚朝长； 6. 检查焊点，质量要至少达到可接受标准，清洁焊点。				
注意事项	锥状，引线可辨 引线高出爆料＜1mm 长脚　短脚				

图例2　长脚

产品名称：基本逻辑电路的数字表达电路　　文件编号：SDSX-01
产品型号：SDSX-01-04　　发行日期：2022年5月24日

版本：4.0
第3页，共3页

作业名称：插件3，SPDT拨动开关、电源公插座		工序号：3		
工具：镊子、防静电环、调温烙铁台、斜口钳、焊锡				
设备：放大镜				

	物料名称	规格/型号	PCB标号	数量	备注
1	拨动开关	SPDT	S1、S2	2	
2	电源插座	2510S1P2	P1	1	

作业要求

1. 对照物料表核对元器件型号、封装是否一致；
2. 贴板插装S1、S2，拨动开关，注意定位边靠PCB板边，底部紧贴PCB板面；
3. 贴板插装P1，电源插座，注意底部紧贴PCB板面；
4. 检查焊点，质量要至少达到可接受标准，清洁焊点。

注意事项

锥状，引线可辨，
引线高出爆料＜1mm

定位边

定位边标记

焊接引脚（短）

图例

底部紧贴PCB板面

2、基本逻辑电路的数字表达

+5V　GND

输入A　输入B

3

(五) 装接质量检查

采用数字万用表的蜂鸣挡来检测导线连接的两个引脚或端点是否连通。

1. 外观检验

表1-2-2　外观检验项目表

序号	检验项目	验收方法/工具	检查结果	完成时间
1	引脚高于焊点<1mm(其余剪掉)	目测	□ 合格　□ 不合格	
2	已清洁PCB板,无污渍	目测	□ 合格　□ 不合格	
3	焊点平滑光亮,无毛刺	目测	□ 合格　□ 不合格	

2. 焊点导通性检测

1) 分析电路的各焊点的连接关系

—— 请参照图1-2-1原理图,分析图1-2-2所示装配图各焊点之间的连接关系。

2) 设置万用表

—— 确认红表笔接表的电压端,黑表笔接表的公共端,选用万用表的蜂鸣挡;

—— 红、黑表笔短接,万用表发出蜂鸣声,说明表工作正常。

3) 检测电源是否短接

—— 红表笔接电源正极(VCC),黑表笔接电源负极(GND);

—— 无声,表明电源无短接;有声,请排查电路是否短路。

4) 检查线路导通性

—— 红、黑表笔分别与敷铜线两端的引脚或端点连接,万用表发出蜂鸣声,说明电路连接良好;

—— 无声,请排查电路是否断路;有声,表明电路正常;

—— 重复上一步骤,检验各个敷铜线两端的引脚或端点连接性能。

已经执行以上步骤,经检测确认电路装接良好,可以进行电路调试。

现场装配技师(OP)签名＿＿＿＿＿＿＿＿＿

＿＿＿＿年＿＿＿＿月＿＿＿＿日＿＿＿＿时＿＿＿＿分

任务三 逻辑与数字"0"与"1"的关系

适用对应职业岗位　AE/FAE/PE DE/PCB TE

(一) 电路连接

请选用表1-3-1所示颜色跳线,参照图1-3-1中J0~J4所示连接好实训电路。

表1-3-1　跳线连接详细表

序号	To(开始端)	From(终止端)	颜色
J0	P2:1	R2:1	红色
J1	R2:2	P10	棕色
J2	P3:1	P8	白色
J3	P11	P16	黑色
J4	P17	P3:1	蓝色

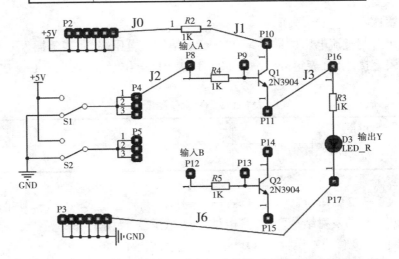

图1-3-1　逻辑与数字"0"与"1"的关系实训电路连接图

(二) 电路装配

请认真阅读图1-3-1逻辑与数字"0"与"1"的关系实训电路连接图,完成以下任务:

1. 电路结构

直流电源+5V串联电阻$R2$,再与三极管Q1的_____(E/C)极(P10)串联,Q1的_____(E/C)极(P11)通过J3与$R3$串联,再与发光二极管D3的阳极_____(串/并)联,D3的阴极通过J4与地相接,组成Q1的CE极之间的供电回路。

2. 设置Q1的B极输入电平P8

说明: S1是单刀双掷开关(SPDT),由一个公共端和两个选择端组成。

在数字电路中,一般规定低电平(L)为0~0.25V,高电平(H)为1.8~5V。

注意: 以上电平电压取值范围仅供参考,具体电路或设备要查阅手册确定。

当S1接+5V时,P8输入为_____(H/L);

当S1接地(GND)时,P8输入为_____(H/L)。

3. D3亮灭控制逻辑

当S1=H时,Q1的CE两极之间_____(导通/截止),极间电阻很小,允许电流几乎无损流过CE两极,D3亮;当S1=L时,Q1的CE两极之间_____(导通/截止),极间电阻无穷大,阻止电流流过CE两极,D3灭。

由以上分析可知,S1控制Q1的基极(B)输入电平,从而控制三极管Q1的CE两极之间的导通或截止来控制D3的亮灭。

(三) 电路测试

1. P8=L

—— S1接地(GND);

—— 观察D3_____(亮/灭);

—— 选用万用直流电压挡量程≥10V,红表笔插入电压端,黑表笔插入公共端;

—— 黑表笔接地,红表笔分别测P8、P9、P10、P11电位,结果填入表1-3-2。

表1-3-2　Q1电位测量值

电位	V_{P8}	V_{P9}	V_{P10}	V_{P11}
测量值(V)				

—— 由表1-3-2可知:V_{P9}_____($>$, $=$, $<$)V_{P11},V_{P9}_____($>$, $=$, $<$)V_{P10};

—— 推断:Q1的发射结_____,集电结_____(正偏/反偏);

—— 推断:三极管的工作状态,Q1处于_____(截止/饱和)。

2. P8=H

—— S1接+5V;

—— 观察D3_____(亮/灭);

—— 选用万用直流电压挡量程≥10V,红表笔插入电压端,黑表笔插入公共端;

—— 黑表笔接地,红表笔分别测P8、P9、P10、P11电位,结果填入表1-3-3。

表1-3-3　Q1电位测量值

电位	V_{P8}	V_{P9}	V_{P10}	V_{P11}
测量值(V)				

—— 由表1-3-3可知: V_{P9}_____(>，=，<)V_{P11}，V_{P9}_____(>，=，<)V_{P10}；

—— 推断: Q1的发射结_____，集电结_____(正偏/反偏)；

—— 推断: 三极管工作状态，Q1处于_____(截止/饱和)。

3. 结果分析

说明: 理解物理变量的定义

输入变量

A: V_{P8}的电平，取值H/L。

输出变量

Y: D3的显示，取值亮/灭；

Z: V_{P11}的电平，取值H/L。

请根据物理变量的定义，参照电路测试结果，完成表1-3-4。

表1-3-4　物理变量关系表

输入变量	输出变量	
A	Y	Z
L		
H		

(四) 逻辑关系的数字表达

1. 逻辑变量定义

输入逻辑变量

A: "1"代表"H"，"0"代表"L"。

输出逻辑变量

Y: "1"代表"亮"，"0"代表"灭"；

Z: "1"代表"H"，"0"代表"L"。

注: 逻辑变量定义为"1"代表"H"，"0"代表"L"，称为正逻辑定义。

　　数字电路的逻辑变量定义常用正逻辑定义。

2. 逻辑变量真值表

请根据逻辑变量定义，参照表1-3-4，完成表1-3-5逻辑变量真值表。

表1-3-5　逻辑变量真值表

输入变量	输出变量	
A	Y	Z
0		
1		

现场应用工程师(FAE)签名_____

_____年_____月_____日_____时_____分

任务四 与逻辑电路的数字表达

适用对应职业岗位 AE/FAE/PE DE/PCB TE

(一) 与门逻辑电路连接

请选用表1-4-1所示颜色跳线,参照图1-4-1中J0~J5所示连接好实训电路。

表1-4-1 跳线连接详细表

序号	To(开始端)	From(终止端)	颜色
J0	P2:1	P16	红色
J1	P17	P10	棕色
J2	P4:1	P8	白色
J3	P5:1	P12	白色
J4	P11	P14	黑色
J5	P17	P3:1	蓝色

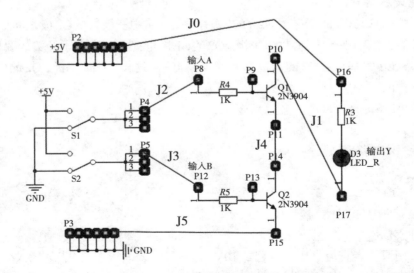

图1-4-1 与逻辑电路的数字表达实训电路连接图

(二)与门逻辑电路分析

请认真阅读图1-4-1与逻辑电路的数字表达实训电路连接图,完成以下任务:

1. 电路结构

直流电源+5V与电阻R3串联,串联D3再与三极管Q1的_____(E/C)极串联,三极管Q1的_____(E/C)极通过J4与三极管Q1的集电极_____(串联/并联),Q2的发射极与地连接,即发光二极管D3与三极管Q1的CE极_____(串/并)联、与Q2的CE极_____(串/并)联后再与地连接。

S1通过J2与P8连接,串联R4与Q1的基极_____(串/并)联,设置Q1基极的输入____,从而控制Q1的导通与截止。

S2通过J3与P12连接,串联R5与Q2的基极_____(串/并)联,设置Q2基极的输入____,从而控制Q2的导通与截止。

2. 设置Q1的输入电平P8

说明:S1是单刀双掷开关(SPDT),由一个公共端和两个选择端组成。

在数字电路中,一般规定低电平(L)为0~0.25V,高电平(H)为1.8~5V。

注意:以上电平电压取值范围仅供参考,具体电路或设备要查阅手册确定。

当S1接+5V时,P8输入为_____(H/L);

当S1接地(GND)时,P8输入为_____(H/L)。

3. 设置Q2的输入电平P12

当S2接+5V时,P12输入为_____(H/L);

当S2接地(GND)时,P12输入为_____(H/L)。

4. D3亮灭控制

综上分析,D3与Q1的CE极、Q2的CE极串联,电路中三极管的CE极之间导通与否,取决于三极管的基极电平,因此Q1的CE极、Q2的CE极可视为两个电子开关。要使发光二极管D3亮,那么Q1的基极和Q2的基极都要输入高电平,这样Q1的CE极、Q2的CE极必须处于导通状态,即:

只有S1=H,S2=H时,D3_____(亮/灭)。

(三)与门逻辑电路测试

1. P8=L,P12=L

—— S1接地(GND),S2接地(GND);

—— 观察D3_____(亮/灭);

—— 选用万用表直流电压挡量程≥10V,红表笔插入电压端,黑表笔插入公共端;

—— 黑表笔接地,红表笔分别测表1-4-2所示各点电位,结果填入表1-4-2。

表1-4-2　Q1、Q2电位测量值

电位	V_{P8}	V_{P9}	V_{P10}	V_{P11}	V_{P12}	V_{P13}	V_{P14}	V_{P15}
测量值(V)								

—— 由表1-4-2可知：V_{P9}_____$(>，=，<)V_{P11}$，V_{P9}_____$(>，=，<)V_{P10}$；

—— 推断：Q1的发射结_____，集电结_____(正偏/反偏)；

—— 由表1-4-2可知：V_{P13}_____$(>，=，<)V_{P15}$，V_{P13}_____$(>，=，<)V_{P14}$；

—— 推断：Q2的发射结_____，集电结_____(正偏/反偏)；

—— 推断：三极管工作状态，Q1处于_____，Q2处于_____(截止/饱和)。

2.P8=L，P12=H

—— S1接地(GND)，S2接+5V；

—— 观察D3_____(亮/灭)；

—— 选用万用表直流电压挡量程≥10V，红表笔插入电压端，黑表笔插入公共端；

—— 黑表笔接地，红表笔分别测表1-4-3所示各点电位，结果填入表1-4-3。

表1-4-3　Q1、Q2电位测量值

电位	V_{P8}	V_{P9}	V_{P10}	V_{P11}	V_{P12}	V_{P13}	V_{P14}	V_{P15}
测量值(V)								

—— 由表1-4-3可知：V_{P9}_____$(>，=，<)V_{P11}$，V_{P9}_____$(>，=，<)V_{P10}$；

—— 推断：Q1的发射结_____，集电结_____(正偏/反偏)；

—— 由表1-4-3可知：V_{P13}_____$(>，=，<)V_{P15}$，V_{P13}_____$(>，=，<)V_{P14}$；

—— 推断：Q2的发射结_____，集电结_____(正偏/反偏)；

—— 推断：三极管工作状态，Q1处于_____，Q2处于_____(截止/饱和)。

3.P8=H，P12=L

—— S1接+5V，S2接地(GND)；

—— 观察D3_____(亮/灭)；

—— 选用万用表直流电压挡量程≥10V，红表笔插入电压端，黑表笔插入公共端；

—— 黑表笔接地，红表笔分别测表1-4-4所示各点电位，结果填入表1-4-4；

表1-4-4　Q1、Q2电位测量值

电位	V_{P8}	V_{P9}	V_{P10}	V_{P11}	V_{P12}	V_{P13}	V_{P14}	V_{P15}
测量值(V)								

—— 由表1-4-4可知：V_{P9}_____$(>，=，<)V_{P11}$，V_{P9}_____$(>，=，<)V_{P10}$；

—— 推断：Q1的发射结_____，集电结_____(正偏/反偏)；

——由表1-4-4可知：V_{P13}_____（>，=，<）V_{P15}，V_{P13}_____（>，=，<）V_{P14}；

——推断：Q2的发射结_____，集电结_____（正偏/反偏）；

——推断：三极管工作状态，Q1处于_____，Q2处于_____（截止/饱和）。

4. P8=H，P12=H

—— S1接+5V，S2接+5V；

—— 观察D3_____（亮/灭）；

—— 选用万用表直流电压挡量程≥10V，红表笔插入电压端，黑表笔插入公共端；

—— 黑表笔接地，红表笔分别测表1-4-5所示各点电位，结果填入表1-4-5。

表1-4-5   Q1、Q2电位测量值

电位	V_{P8}	V_{P9}	V_{P10}	V_{P11}	V_{P12}	V_{P13}	V_{P14}	V_{P15}
测量值(V)								

——由表1-4-5可知：V_{P9}_____（>，=，<）V_{P11}，V_{P9}_____（>，=，<）V_{P10}；

——推断：Q1的发射结_____，集电结_____（正偏/反偏）；

——由表1-4-5可知：V_{P13}_____（>，=，<）V_{P15}，V_{P13}_____（>，=，<）V_{P14}；

——推断：Q2的发射结_____，集电结_____（正偏/反偏）；

——推断：三极管工作状态，Q1处于_____，Q2处于_____（截止/饱和）。

5. 结果分析

说明：理解物理变量的定义

输入变量

A：V_{P8}的电平，取值H/L；

B：V_{P12}的电平，取值H/L。

输出变量

Y：D3的显示，取值亮/灭。

请根据以上物理变量的定义，参照电路测试结果完成表1-4-6。

表1-4-6   与逻辑物理变量关系表

输入变量		输出变量
A	B	Y
L	L	
L	H	
H	L	
H	H	

（四）与门逻辑电路的数字表示

1.逻辑变量定义

输入逻辑变量

A："1"代表"H"，"0"代表"L"；

B："1"代表"H"，"0"代表"L"。

输出逻辑变量

Y："1"代表"亮"，"0"代表"灭"。

注：逻辑变量定义为"1"代表"H"，"0"代表"L"，称为正逻辑定义。

数字电路的逻辑变量定义常用正逻辑定义。

2.逻辑变量真值表

参照表1-4-6，请根据逻辑变量定义，完成表1-4-7与逻辑变量真值表。

表1-4-7 与逻辑真值表

输入变量		输出变量
A	B	Y
0	0	
0	1	
1	0	
1	1	

现场应用工程师(FAE)签名_____

_____年_____月_____日_____时_____分

任务五 或逻辑电路的数字表达

适用对应职业岗位　AE/FAE/PCB DE/PCB TE

（一）电路连接

请选用表1-5-1所示颜色跳线，参照图1-5-1中J0~J7所示连接好实训电路。

表1-5-1　跳线连接详细表

序号	To（开始端）	From（终止端）	颜色
J0	P2：1	R2：1	红色
J1	P2：1	P14	棕色
J2	P2：2	P10	棕色
J3	P4：1	P8	白色
J4	P5：1	P12	白色
J5	P11	P16	黑色
J6	P15	P16	黑色
J7	P17	P3：1	蓝色

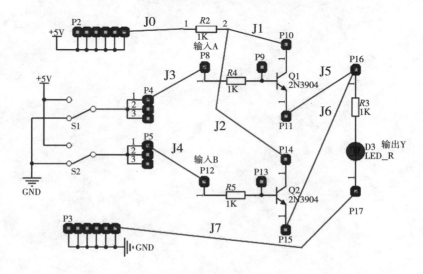

图1-5-1　或逻辑电路的数字表达实训电路连接图

（二）电路分析

请认真阅读图1-5-1或逻辑电路的数字表达实训电路连接图，完成以下任务：

1.电路结构

三极管Q1的集电极(C)与三极管Q2的集电极(C)_____(串联/并联)，串联电阻$R2$，与+5V电源相连；Q1的发射极(E)与三极管Q2发射极(E)_____(串联/并联)，与电阻$R3$_____(串联/并联)，再与发光二极管D1的阳极_____(串联/并联)，发光二极管D1的_____极与地(GND)相连。

S1通过J3与P8连接，串联$R1$给Q1_____(P5:1/E)极提供输入电压，从而控制Q1的工作状态。

S2通过J4与P12连接，串联$R3$给Q2_____(P5:1/E)极提供输入电压，从而控制Q2的工作状态。

2.P8的输入电平设置

说明：S1是单刀双掷开关(SPDT)，由一个公共端和两个选择端组成。

在数字电路中，一般规定低电平（L）为0~0.25V，高电平（H）为1.8~5V。

注意：以上电平电压取值范围仅供参考，具体电路或设备要查阅手册确定。

当S1接+5V时，P8输入为_____(H/L)；

当S1接地(GND)时，P8输入为_____(H/L)。

3.P12的输入电平设置

当S2接+5V时，P12输入为_____(H/L)；

当S2接地(GND)时，P12输入为_____(H/L)。

4.D3亮灭控制逻辑

综上分析，由于Q1、Q2两个三极管的CE极_____联，再与D3串联，因此，只要S1=H或S2=H时，Q1的CE极或Q2的CE极就会导通，D3就_____(亮/灭)。

（三）电路测试

1.P8=L，P12=L

—— S1接地(GND)，S2接地(GND)；

—— 观察D3_____(亮/灭)；

—— 选用万用表直流电压挡量程≥10V，红表笔插入电压端，黑表笔插入公共端；

—— 黑表笔接地，红表笔分别测表1-5-2所示各点电位，结果填入表1-5-2。

表1-5-2 Q1、Q2电位测量值

电位	V_{P8}	V_{P9}	V_{P10}	V_{P11}	V_{P12}	V_{P13}	V_{P14}	V_{P15}
测量值(V)								

—— 由表1-5-2可知：V_{P9}_____（>，=，<）V_{P11}，V_{P9}_____（>，=，<）V_{P10}；

—— 推断：Q1的发射结_____，集电结_____（正偏/反偏）；

—— 由表1-5-2可知：V_{P13}_____（>，=，<）V_{P15}，V_{P13}_____（>，=，<）V_{P14}；

—— 推断：Q2的发射结_____，集电结_____（正偏/反偏）；

—— 推断：三极管工作状态，Q1处于_____，Q2处于_____（截止/饱和）。

2. P8=L，P12=H

—— S1接地（GND），S2接+5V；

—— 观察D3_____（亮/灭）；

—— 选用万用表直流电压挡量程≥10V，红表笔插入电压端，黑表笔插入公共端；

—— 黑表笔接地，红表笔分别测表1-5-3所示各点电位，结果填入表1-5-3。

表1-5-3　Q1、Q2电位测量值

电位	V_{P8}	V_{P9}	V_{P10}	V_{P11}	V_{P12}	V_{P13}	V_{P14}	V_{P15}
测量值(V)								

—— 由表1-5-5可知：V_{P9}_____（>，=，<）V_{P11}，V_{P9}_____（>，=，<）V_{P10}；

—— 推断：Q1的发射结，集电结_____（正偏/反偏）；

—— 由表1-5-3可知：V_{P13}_____（>，=，<）V_{P15}，V_{P13}_____（>，=，<）V_{P14}；

—— 推断：Q2的发射结_____，集电结_____（正偏/反偏）；

—— 推断：三极管工作状态，Q1处于_____，Q2处于_____（截止/饱和）。

3. P8=H，P12=L

—— S1接+5V，S2接地（GND）；

—— 观察D3_____（亮/灭）；

—— 选用万用表直流电压挡量程≥10V，红表笔插入电压端，黑表笔插入公共端；

—— 黑表笔接地，红表笔分别测表1-5-4所示各点电位，结果填入表1-5-4。

表1-5-4　Q1、Q2电位测量值

电位	V_{P8}	V_{P9}	V_{P10}	V_{P11}	V_{P12}	V_{P13}	V_{P14}	V_{P15}
测量值(V)								

—— 由表1-5-4可知：V_{P9}_____（>，=，<）V_{P11}，V_{P9}_____（>，=，<）V_{P10}；

—— 推断：Q1的发射结_____，集电结_____（正偏/反偏）；

—— 由表1-5-4可知：V_{P13}_____（>，=，<）V_{P15}，V_{P13}_____（>，=，<）V_{P14}；

—— 推断：Q2的发射结_____，集电结_____（正偏/反偏）；

—— 推断：三极管工作状态，Q1处于_____，Q2处于_____（截止/饱和）。

4. P8=H，P12=H

—— S1接+5V，S2接+5V；

—— 观察D3_____(亮/灭);

—— 选用万用表直流电压挡量程≥10V,红表笔插入电压端,黑表笔插入公共端;

—— 黑表笔接地,红表笔分别测表5-5所示各点电位,结果填入表1-5-5。

表1-5-5　Q1、Q2电位测量值

电位	V_{P8}	V_{P9}	V_{P10}	V_{P11}	V_{P12}	V_{P13}	V_{P14}	V_{P15}
测量值(V)								

—— 由表1-5-5可知: V_{P9}_____ $(>,=,<)V_{P11}$, V_{P9}_____ $(>,=,<)V_{P10}$;

—— 推断:Q1的发射结_____,集电结_____(正偏/反偏);

—— 由表1-5-5可知: V_{P13}_____ $(>,=,<)V_{P15}$, V_{P13}_____ $(>,=,<)V_{P14}$;

—— 推断:Q2的发射结_____,集电结_____(正偏/反偏);

—— 推断:三极管工作状态,Q1处于_____,Q2处于_____(截止/饱和)。

5.结果分析

说明:理解物理变量的定义。

输入变量

A: V_{P8}的电平,取值H/L;

B: V_{P12}的电平,取值H/L。

输出变量

Y: D3的显示,取值亮/灭。

请根据以上物理变量的定义,参照电路测试结果完成表1-5-6。

表1-5-6　或逻辑物理变量关系表

输入变量		输出变量
A	B	Y
L	L	
L	H	
H	L	
H	H	

(四) 电路逻辑的数字表示

1.逻辑变量定义

输入逻辑变量

A:"1"代表"H","0"代表"L";

B:"1"代表"H","0"代表"L"。

输出逻辑变量

Y："1"代表"亮"，"0"代表"灭"。

注：逻辑变量定义为"1"代表"H"，"0"代表"L"，称为正逻辑定义。

数字电路的逻辑变量定义常用正逻辑定义。

2.逻辑变量真值表

参照表1-5-6，请根据逻辑变量定义，完成表1-5-7或逻辑变量真值表。

表1-5-7 或逻辑真值表

输入变量		输出变量
A	B	Y
0	0	
0	1	
1	0	
1	1	

现场应用工程师(FAE)签名＿＿＿＿＿＿＿＿＿

＿＿＿年＿＿＿月＿＿＿日＿＿＿时＿＿＿分

任务六 非逻辑电路的数字表达

适用对应职业岗位 AE/FAE/PCB DE/PCB TE

(一) 电路连接

请选用表1-6-1所示颜色跳线,参照图1-6-1中J0~J8所示连接好实训电路。

表1-6-1 跳线连接详细表

序号	To(开始端)	From(终止端)	颜色
J0	P2:2	*R1:1*	红色
J1	R1:2	P14	棕色
J2	P15	P16	白色
J3	P17	P3:2	蓝色
J4	P2:1	R2:1	红色
J5	R2:2	P10	棕色
J6	P15	P3:1	蓝色
J7	P4:1	P8	黑色
J8	P10	P12	黑色

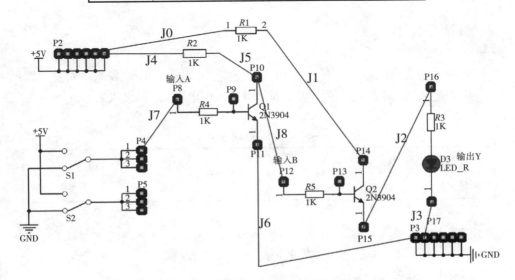

图1-6-1 非逻辑电路的数字表达实训电路连接图

(二) 电路分析

请认真阅读图1-6-1非逻辑电路的数字表达实训电路连接图,完成以下任务:

1.电路结构

+5V直流电源串联电阻R2,再通过J5与P10连接,给Q1的_____(E/C)极提供电压,Q1的_____(E/C)极通过J6接地。

+5V直流电源串联电阻R2,通过J1与P14连接,给Q2的_____(E/C)极提供电压,Q2的_____(E/C)极通过J2连接P16端与电阻R3串联,再与发光二极管D3的阳极串联,发光二极管D3的_____极经过J3接地。

S1通过J7与P8端连接,通过串联电阻R4,设置Q1的_____(B/E)极输入电平,可以控制Q1_____(C/E)极的输出电压;P10通过J8与P12连接,通过串联电阻R5,控制Q2的B极电平,从而控制Q2的CE极的工作状态,实现控制D3的亮灭。

2.P8输入电平的设置

说明: S1是单刀双掷开关(SPDT),由一个公共端和两个选择端组成。

在数字电路中,一般规定低电平(L)为0~0.25V,高电平(H)为1.8~5V。

注意: 以上电平电压取值范围仅供参考,具体电路或设备要查阅手册确定。

当S1接+5V时,P8输入为(H/L);

当S1接地(GND)时,P8输入为(H/L)。

3.D3亮灭控制

综上分析可知,S1通过设置Q1基极的输入电平,控制P10输出电压,进而控制Q2的工作状态,实现控制D3的亮灭。

(三) 电路测试

1.P8=L

—— S1接地(GND);

—— 观察D3_____(亮/灭);

—— 选用万用表直流电压挡量程≥10V,红表笔插入电压端,黑表笔插入公共端;

—— 黑表笔接地,红表笔分别测表1-6-2所示各点电位,结果填入表1-6-2。

表1-6-2 Q1、Q2电位测量值

电位	V_{P8}	V_{P9}	V_{P10}	V_{P11}	V_{P12}	V_{P13}	V_{P14}	V_{P15}
测量值(V)								

—— 由表1-6-2可知:V_{P9}_____(>, =, <)V_{P11},V_{P9}_____(>, =, <)V_{P10};

—— 推断:Q1的发射结_____,集电结_____(正偏/反偏);

—— 由表1-6-2可知:V_{P13}_____(>, =, <)V_{P15},V_{P13}_____(>, =, <)V_{P14};

—— 推断：Q2的发射结_____，集电结_____（正偏/反偏）；

—— 推断：三极管工作状态，Q1处于_____，Q2处于_____（截止/饱和）。

2. P8=H

—— S1接+5V

—— 观察D3_____（亮/灭）；

—— 选用万用表直流电压挡量程≥10V，红表笔插入电压端，黑表笔插入公共端；

—— 黑表笔接地，红表笔分别测表1-6-3所示各点电位，结果填入表1-6-3。

表1-6-3　Q1、Q2电位测量值

电位	V_{P8}	V_{P9}	V_{P10}	V_{P11}	V_{P12}	V_{P13}	V_{P14}	V_{P15}
测量值(V)								

—— 由表1-6-2可知：V_{P9}_____（>，=，<）V_{P11}，V_{P9}_____（>，=，<）V_{P10}；

—— 推断：Q1的发射结_____，集电结_____（正偏/反偏）；

—— 由表1-6-2可知：V_{P13}_____（>，=，<）V_{P15}，V_{P13}_____（>，=，<）V_{P14}；

—— 推断：Q2的发射结_____，集电结_____（正偏/反偏）；

—— 推断：三极管工作状态，Q1处于_____，Q2处于_____（截止/饱和）。

3. 结果分析

说明：理解物理变量的定义。

输入变量

A：V_{P8}的电平，取值H/L。

输出变量

Y：D3的显示，取值亮/灭。

请根据以上物理变量的定义，参照电路测试结果完成表1-6-4。

表1-6-4　非逻辑物理变量关系表

输入变量	输出变量
A	Y
L	
H	

（四）电路逻辑的数字表示

1. 逻辑变量定义

输入逻辑变量

A："1"代表"H"，"0"代表"L"；

输出逻辑变量

Y："1"代表"亮"，"0"代表"灭"。

注：逻辑变量定义为"1"代表"H"，"0"代表"L"，称为正逻辑定义。

数字电路的逻辑变量定义常用正逻辑定义。

2.逻辑变量真值表

参照表1-6-4，请根据逻辑变量定义，完成表1-6-5非逻辑变量真值表。

表1-6-5　非逻辑真值表

输入变量	输出变量
A	Y
0	
1	

现场应用工程师(FAE)签名＿＿＿＿＿＿＿＿＿

＿＿＿年＿＿＿月＿＿＿日＿＿＿时＿＿＿分

项目二 基本逻辑门芯片功能检验

设计者：杨东海[1] 张 科[2] 郭 刚[3] 荣 华[4]

项目简介

越来越多的医疗设备应用于医学临床，成为医院建设的重点以及医疗水平的重要保障。医疗设备直接应用于患者身体，其安全性和有效性直接关系到患者的生命安全和身体健康。因此，不管是医疗设备的生产还是维修，必须严格控制"人命关天"的质量。

医疗设备生产厂家自元器件或原材料采购开始，严控质量，设立IQC(来料品质检验员)岗位，对外购元器件或原材料的外观、尺寸、功能及物理参数等进行检验测试，严防不合格的元器件或原材料入库。在生产过程中贯彻"一切为了患者""下一道工序就是患者"的观念，对每一道工序出产的制品进行质量检验。

临床医学工程师对医疗设备维修时，不但要对替换的元器件或原材料进行质量检验，也要对医疗设备的性能和参数进行校正，确保医疗设备的安全性和有效性。

本次实训以基本逻辑门(与、或、非)芯片及其他电子元器件的品质检查为实训载体，通过元器件质量检查、电路装接与质量检查、基本逻辑门芯片品质检查三个任务，培养临床医学工程师使用质量检查常用的检验工具、设备的能力，熟悉电子元器件质量检查的常规项目，能够按工艺规程执行电子元器件质量检查等职业岗位要求，树立"质量就是生命，一切为了患者"的职业道德，培养"我为人人，人人为我"的团队协作精神，提高职业综合素养。

---

[1] 漳州卫生职业学院
[2] 上海芯诚博宇电子科技有限公司
[3] 湘潭市中心医院
[4] 湘潭医卫职业技术学院

(一) 实训目的

1. 职业岗位行动力

(1) 能够按作业指导检验排阻等元器件品质；

(2) 能够按作业指导完成手工装接DIP16芯片功能测试电路和质量检测；

(3) 能够按任务引导搭建与门、或门、非门功能测试电路；

(4) 能够按作业指导检查与门、或门、非门芯片品质。

2. 职业综合素养

(1) 树立"质量就是生命，一切为了患者"的职业道德；

(2) 传承"遵章作业，精益求精"的工匠精神；

(3) 培养"我为人人，人人为我"的团队协作精神。

(二) 实训工具

表2-0-1 实训工具表

名称	数量	名称	数量	名称	数量
数字直流稳压电源	1	锡丝、松香	若干	斜口钳	1
芯片品质检验电路套件	1	防静电手环	1	调温烙铁台	1
数字万用表	1	镊子	1		

(三) 实训物料

表2-0-2 实训物料表

物料名称	型号	封装	数量	备注
贴片电容	100pF	0805C	1	
贴片电容	100nF	0805C	1	
贴片电阻	10k	0805C	12	1002/103
贴片发光二极管	0805	0805D	8	红色
8P单排直插针	Header_8	SIP8	6	
16P圆孔IC插座	DIP16	DIP16	1	
8P排阻	2k/202J	SIP8	1	
数码管	直插	0.56寸	1	
2×4双排直插针	HDR2X4	DIP4	1	
1P单排直插针	Header_1	SIP1	1	
4P单排直插针	Header_4	SIP4	1	

（续表）

物料名称	型号	封装	数量	备注
信号输入端	公插座	2510SIP2	1	
电源插座	公插座	2510SIP2	1	
轻触开关	非自锁	KEY_X4P	4	
SPDT开关	SSD12	SIP3	8	
与门芯片	74LS08	DIP14	1	
或门芯片	74LS32	DIP14	1	
非门芯片	74LS04	DIP14	1	

（四）参考资料

(1)《74LS08技术手册》；
(2)《74LS04技术手册》；
(3)《74LS32技术手册》；
(4)《数字可编程稳压电源使用手册》；
(5)《数字万用表使用手册》；
(6)《IPC-A-610E电子组件的可接受性要求》。

（五）防护与注意事项

(1) 佩戴防静电手环或防静电手套，做好静电防护；
(2) 爱护仪器仪表，轻拿轻放，用完还原归位；
(3) 有源设备通电前要检查电源线是否破损，防止触电或漏电；
(4) 使用烙铁时，严禁甩烙铁，防止锡珠飞溅伤人，施工人员建议佩戴防护镜；
(5) 焊接时，实训场地要通风良好，施工人员建议佩戴口罩；
(6) 实训操作时，不得带电插拨元器件，防止尖峰脉冲损坏器件；
(7) 实训时，着装统一，轻言轻语，有序行动；
(8) 实训全程贯彻执行6S。

（六）实训内容

任务一 元器件品质检查
任务二 逻辑芯片功能检验电路装接与质量检查
任务三 与门74LS08芯片品质检验
任务四 或门74LS32芯片品质检验
任务五 非门74LS04芯片品质检验

任务一　元器件品质检查

对应职业岗位　IQC/IPQC/AE

（一）微型非自锁按钮开关品质检查

1.直插封装与引脚

按钮弹起：
A1 与 A2 导通
B1 与 B2 导通
Ax 与 Bx 断开（x：1或2）

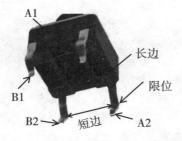

按钮按下：
A1 与 A2 导通
B1 与 B2 导通
Ax 与 Bx 导通（x：1或2）

图 2-1-1　微型非自锁按钮开关引脚图

2.外观检验

表 2-1-1　外观检验项目表

序号	检验项目	验收方法/工具	检查结果	完成时间
1	型号、品牌标记清晰可见	目测	□ 合格　□ 不合格	
2	封装无破损、无裂缝	目测	□ 合格　□ 不合格	
3	引脚规整，标识清晰可见	目测	□ 合格　□ 不合格	
4	按钮按压灵活，可自恢复	手工	□ 合格　□ 不合格	

3.检验开关通断性

采用数字万用表二极管挡，测试A引脚与B引脚之间的开关导通性。

1) 设置万用表

—— 选用数字万用表蜂鸣挡，红表笔插入二极管端，黑表笔插入公共端；

—— 红、黑表笔短接，万用表发出蜂鸣声。

2) 按钮弹起通断性检查

—— 黑表笔接A1引脚，红表笔接A2引脚。

—— 万用表蜂鸣声　有 □　无 □

—— A1引脚与A2引脚(导通/断开)　合格 □　不合格 □

判断标准: A1 与 A2 导通。

—— 黑表笔接B1引脚,红表笔接B2引脚。

—— 万用表蜂鸣声 有 □ 无 □

—— B1引脚与B2引脚(导通/断开) 合格 □ 不合格 □

判断标准: B1 与 B2 导通。

—— 黑表笔接Ax任一引脚,红表笔接Bx任一引脚。

—— 万用表蜂鸣声 有 □ 无 □

—— Ax引脚与Bx引脚_____(导通/断开) 合格 □ 不合格 □

判断标准: Ax 与 Bx 断开。

3) 按钮按下通断性检查

—— 黑表笔接A1引脚,红表笔接A2引脚。

—— 万用表蜂鸣声 有 □ 无 □

—— A1引脚与A2引脚_____(导通/断开) 合格 □ 不合格 □

判断标准: A1 与 A2 导通。

—— 黑表笔接B1引脚,红表笔接B2引脚。

—— 万用表蜂鸣声 有 □ 无 □

—— B1引脚与B2引脚_____(导通/断开) 合格 □ 不合格 □

判断标准: Ax 与 Bx 导通。

—— 黑表笔接Ax任一引脚,红表笔接Bx任一引脚。

—— 万用表蜂鸣声 有 □ 无 □

—— Ax引脚与Bx引脚_____(导通/断开) 合格 □ 不合格 □

判断标准: Ax 与 Bx 导通。

4) 检验结果

——微型非自锁按钮开关通断性 合格 □ 不合格 □

检验员(IQC)签名_____

检验时间_____

(二) SPDT拨动开关品质检验

1.SPDT拨动开关封装与引脚

COM. 公共端
P1. 选择端 1
P2. 选择端 2

P1 COM P2

图2-1-2 SPDT拨动开关封装与引脚

2.外观检验

表2-1-2 外观检验项目表

序号	检验项目	验收方法/工具	检查结果	完成时间
1	型号、品牌标记清晰可见	目测	□ 合格　□ 不合格	
2	封装完整无破损	目测	□ 合格　□ 不合格	
3	引脚规整无缺	目测	□ 合格　□ 不合格	

3.检验SPDT拨动开关通断性

采用数字万用表测量拨动开关是否控制公共端与选择端之间的通断,检验拨动开关功能是否正常。

1) 设置万用表

—— 选用万用表,红表笔接 "V/Ω/A" 端,黑表笔接公共端;

—— 选择二极管挡,红、黑表笔短接,万用表发出蜂鸣声,确认万用表工作正常。

2) 检验拨动开关控制通断性

—— 拨动开关到 "P1" 端;

—— 黑表笔接公共端,红表笔接 "P1",_____(有/无)蜂鸣声;

—— 黑表笔接公共端,红表笔接 "P2",_____(有/无)蜂鸣声;

—— 公共端与 "P1" 端_____(导通/断开),与 "P2" 端_____(导通/断开)。

—— 拨动开关到 "P2" 端;

—— 黑表笔接公共端,红表笔接 "P1",_____(有/无)蜂鸣声;

—— 黑表笔接公共端,红表笔接 "P2",_____(有/无)蜂鸣声;

—— 公共端与 "P1" 端_____(导通/断开),与 "P2" 端_____(导通/断开)。

3) 检验结果

—— 拨动开关控制公共端与 "P1" 端通断性　□ 合格　　□ 不合格

—— 拨动开关控制公共端与 "P2" 端通断性　□ 合格　　□ 不合格

判断标准: 拨动开关拨向哪端,哪端与公共端导通,另一端断开。

检验员(IQC)签名_____

检验时间_____

(三) 排阻2k×8品质检查

1.排阻引脚封装图

公共端

1　2　3　4　5　6　7　8

图2-1-3　2k×8直插排阻引脚封装图

2. 外观检验

表2-1-3　外观检验项目表

序号	检验项目	验收方法/工具	检查结果	完成时间
1	标称值清晰可见	目测	□ 合格　□ 不合格	
2	封装无破损、无裂缝	目测	□ 合格　□ 不合格	
3	引脚规整，无断裂、无氧化	目测	□ 合格　□ 不合格	

3. 检验电阻阻值与误差

采用数字万用表欧姆挡，逐个测量电阻值与计算误差。

1）读排阻电阻的标称值

排阻电阻标称值为_____，允许误差为_____。

注：三位数标法，前两个数为有效数字，第三位是数量级，如 $202 = 20 \times 10^2 = 2k\Omega$；

字母表示误差 D—$\pm 0.5\%$；F—$\pm 1\%$；G—$\pm 2\%$；J—$\pm 5\%$；K—$\pm 10\%$；M—$\pm 20\%$。

2）设置万用表

—— 选用数字万用表欧姆挡 $\geq 20k\Omega$ 量程，红表笔插入 "Ω" 端，黑表笔插入公共端，红、黑表笔短接，表显 $0\,\Omega$。

3）测各引脚阻值

—— 红表笔接1脚（公共端），黑表笔接2脚，读表显 $R12$ 阻值，结果填表；

—— 误差=［(测量值-标称值)/标称值］×100%，结果填表；

—— 重复上一步方法，分别测量 $R13$、$R14$、$R15$、$R16$、$R17$、$R18$。

表2-1-4　排阻电阻测量值与误差

电阻	$R12$	$R13$	$R14$	$R15$	$R16$	$R17$	$R18$
测量值(Ω)							
误差							

4）检查结果

——测量值与误差　合格 □　不合格 □

判断标准：实际误差 ≤ 标称误差。

检验员(IQC)签名_____

检验时间_____

(四) 贴片发光二极管品质检验

1.贴片发光二极管封装与电极

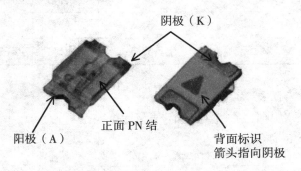

图2-1-4　贴片发光二极管0805D封装与结构

2.外观检验

表2-1-5　外观检验项目表

序号	检验项目	验收方法/工具	检查结果	完成时间
1	型号、品牌标记清晰可见	目测	□合格　□不合格	
2	封装完整无破损	目测	□合格　□不合格	
3	电极规整无缺,极性标记清晰	目测	□合格　□不合格	

3.检验发光二极管单向导通性

采用数字万用表二极管挡,测试正向发光(饱和),反向电阻无穷大(截止)。

1) 设置万用表

—— 选用万用表,红表笔接"V/Ω/A"端口,黑表笔接公共端;

—— 选择二极管挡,红、黑表笔短接,万用表发出蜂鸣声,确认万用表工作正常。

2) 检测正向饱和性

—— 红表笔接发光二极管阳极(A)引脚,黑表笔发光二极管阴极(K)引脚;

—— 发光二极管发光,正向导通。

3) 检测反向截止性

—— 红表笔接发光二极管阴极(K)引脚,黑表笔发光二极管阳极(A)引脚;

—— 万用表显示电阻无穷大。

4) 检验结果

—— 发光二极管正向导通性　合格□　不合格□

判断标准:二极管发光。

—— 发光二极管反向截止性　合格 □　不合格 □

判断标准: 反向电阻无穷大。

检验员(IQC)签名_____

检验时间_____

(五) 1002(103)贴片电阻品质检查

1. 贴片电阻封装与结构

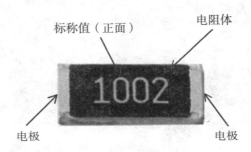

图 2-1-5　贴片电阻封装与结构

2. 外观检验

表 2-1-6　外观检验项目表

序号	检验项目	验收方法/工具	检查结果	完成时间
1	标称值清晰可见	目测	□ 合格　□ 不合格	
2	封装无破损、无裂缝	目测	□ 合格　□ 不合格	
3	电极镀锡规整,无脱落	目测	□ 合格　□ 不合格	

3. 检验电阻阻值与误差

采用数字万用表欧姆挡测量阻值,计算测量值与标称值的误差。

1) 读贴片电阻的标称值

贴片电阻标称值为_____,允许误差为_____。

注: 四位数标法,前三个数为有效数字,第四位是数量级,如 $1002=100 \times 10^2=10k\Omega$;
贴片电阻采用四位数标法,精度为1%。

2) 设置万用表

—— 选用数字万用表欧姆挡 $\geq 20k\Omega$ 量程,红表笔插入"Ω"端,黑表笔插入公共端,红、黑表笔短接,表显 0Ω;

—— 红表笔接一个电极,黑表笔接另一个电极,读表显阻值;

—— 电阻测量值_____;

—— 实际误差=[(测量值−标称值)/标称值]×100%=_____。

3) 检验结果

—— 电阻阻值与误差　合格□　不合格□

判断标准: 实际误差≤允许误差。

检验员(IQC)签名_____

检验时间_____

(六) 无极性贴片电容100pF品质检查

1. 无极性贴片电容外形与引脚

图2-1-6　无极性贴片电容

2. 外观检验

表2-1-7　外观检验项目表

序号	检验项目	验收方法/工具	检查结果	完成时间
1	封装无破损、无鼓包	目测	□合格　□不合格	
2	电极镀锡规整,无脱落	目测	□合格　□不合格	

3. 检查电容容量值与耐压值

采用数字万用表"⊣⊢"电容挡测量容量值,检验容量值是否合格。

1) 读标称值

CL21C101JB8nnnC(101—容量值,J—精度,B—耐压值)

—— 带盘上标注_____pF,最大耐压值为_____V;

注: 容量值>10pF前两个数标识有效数,第三位数标识数量级,如106=10×10^{6}pF;

容量值<10pF字母R表示小数点,如3R3=3.3pF;

耐压值 R–4V, Q–6.3V, P–10V, Q–16V, A–25V, L–36V, B–50V, C–100V, D–200V, E–250V, G–500V, h–630V, I–1000V, J–2000V, K–3000V。

—— 精度: ±5%。

注: 以pF为单位,A— ±1.5pF,B— ±0.1pF,C— ±0.25pF,D— ±0.5pF;

以百分比为单位,J— ±5%,K— ±10%,M— ±20%,Z—+80%-20%。

2) 检验实际误差

—— 数字万用表选择"mF"挡,红表笔插入"⊣⊢"电容端,黑表笔插入公共端;

—— 红表笔接一个电极,黑表笔接另一个电极;

—— 读容量测量值_____pF;

—— 实际误差=[(测量值-标称值)/标称值]×100%=_____。

3) 检验结果

—— 无极性贴片电容容量值　合格□　不合格□

判断标准: 实际误差＜标称误差。

检验员(IQC)签名_____

检验时间_____

(七) 贴片电容无极性100nF品质检查 ■

1. 无极性贴片电容外形与引脚

图 2-1-7　无极性贴片电容

2. 外观检验

表2-1-8　外观检验项目表

序号	检验项目	验收方法/工具	检查结果	完成时间
1	封装无破损、无鼓包	目测	□合格　□不合格	
2	电极镀锡规整,无脱落	目测	□合格　□不合格	

3. 检查电容容量值与耐压值

采用数字万用表"┤├"电容挡测量容量值,检验容量值是否合格。

1) 读标称值

CL21C104KCFnnnC(104—容量值,K—精度,C—耐压值)

—— 带盘上标注_____nF,最大耐压值为_____V;

注: 容量值＞10pF前两个数标识有效数,第三位数标识数量级,如 $106=10×10^6 pF$;

容量值＜10pF字母R表示小数点,如3R3=3.3pF;

耐压值 R—4V, Q—6.3V, P—10V, Q—16V, A—25V, L—36V, B—50V, C—100V, D—200V, E—250V, G—500V, h—630V, I—1000V, J—2000V, K—3000V。

—— 精度: ±5%。

注: 以pF为单位,A— ±1.5pF, B— ±0.1pF, C— ±0.25pF, D— ±0.5pF;

以百分比为单位,J—±5%, K—±10%, M—±20%, Z—+80%-20%。

2）检验实际误差

—— 数字万用表选择"mF"挡，红表笔插入"┤├"电容端，黑表笔插入公共端；

—— 红表笔接一个电极，黑表笔接另一个电极；

—— 读容量测量值_____nF；

—— 实际误差=[(测量值−标称值)/标称值]×100%=(____/____)×100%=_____。

3）检验结果

—— 无极性贴片电容容量值　合格□　不合格□

判断标准：实际误差<标称误差。

检验员(IQC)签名_____

检验时间_____

（八）直插共阴数码管品质检查

1.直插封装与引脚

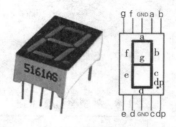

图2-1-8　直插封装与引脚(俯视)

2.外观检验

表2-1-9　外观检验项目表

序号	检验项目	验收方法/工具	检查结果	完成时间
1	型号、标称值标记清晰可见	目测	□合格　□不合格	
2	封装无破损、无裂缝、引脚	目测	□合格　□不合格	
3	引脚规整，标识清晰可见	目测	□合格　□不合格	

3.检查码段受控发光

采用数字万用表二极管挡，逐个点亮a、b、c、d、e、f、g、dp码段。

1）设置万用表

—— 选用数字万用表二极管，红表笔插入二极管端，黑表笔插入公共端，红、黑表笔短接，万用表发出蜂鸣声。

2）检查码段LED可控

—— 黑表笔接GND脚，红表笔接a脚，a对应的码段发光二极管_____(亮/灭)；

—— a码段发光二极管受a脚控制。

判断标准： 红表笔能够通过接触引脚点亮对应码段。

—— 红表笔分别接b、c、d、e、f、g、dp脚，重复上一步操作，检查对应发光二极管是否受控发光。

表2-1-10　引脚点亮对应码段表

引脚	a	b	c	d	e	f	g	dp
发光二极管发光可控								

3）检验结果

—— 数码管发光二极管发光可控性　　合格 □　　不合格 □

判断标准： 所有码段能通过对应引脚点亮。

检验员（IQC）签名＿＿＿＿＿＿＿＿＿＿＿

检验时间＿＿＿＿＿＿＿＿＿＿＿

任务二 逻辑芯片功能检验电路装接与质量检查

(一) 电路原理图

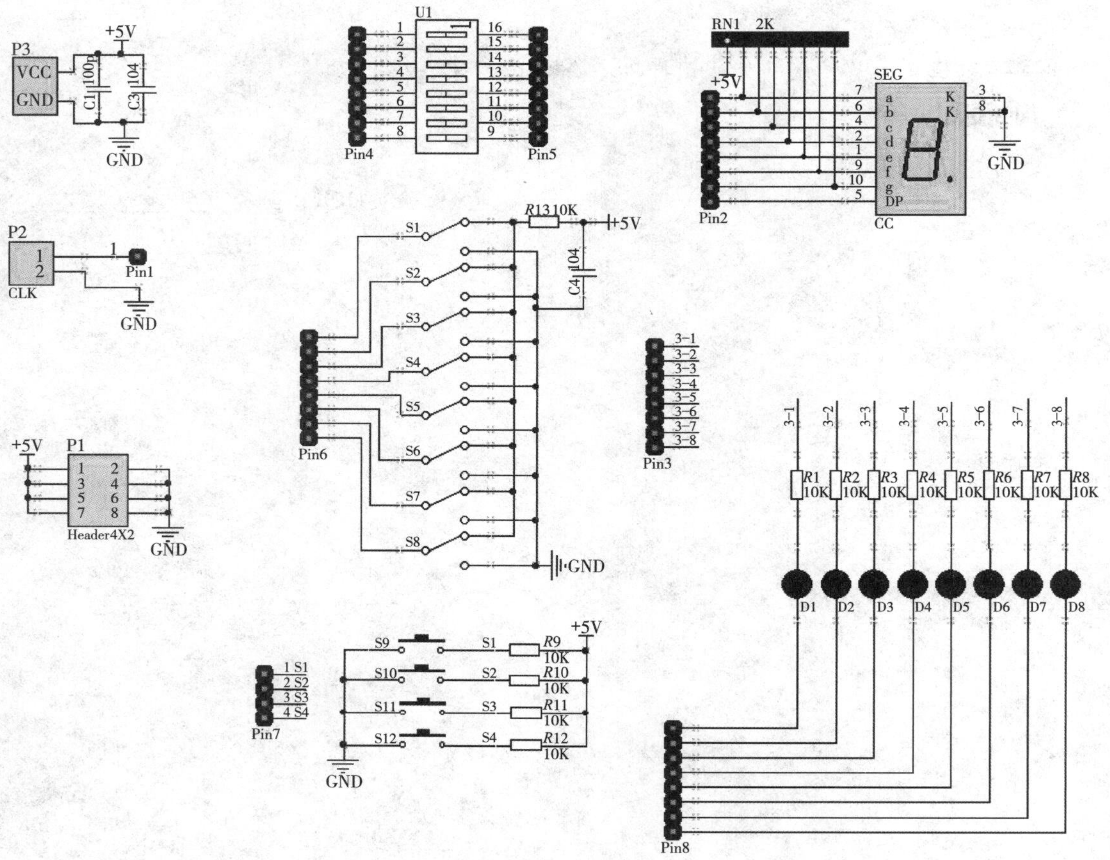

图 2-2-1　逻辑芯片功能检验电路原理图

（二）电路装配图

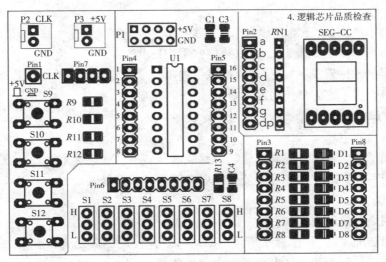

图 2-2-2　逻辑芯片功能检验电路装配图

（三）物料单（BOM）

表 2-2-1　物料单表

物料名称	型号	封装	数量	备注
贴片电容	100p	0805C	2	
贴片电阻	10k	0805C	12	1002/103
贴片发光二极管	0805	0805D	8	红色
8P单排直插针	Header_8	SIP8	6	
16P圆孔 IC插座	DIP16	DIP16	1	圆孔
8P排阻	2k/202J	SIP8	1	
数码管	直插	0.56寸	1	
2×4双排直插针	HDR2X4	DIP4	1	
1P单排直插针	Header_1	SIP1	1	
4P单排直插针	Header_4	SIP4	1	
信号输入端	公插座	2510SIP2	1	
电源插座	公插座	2510SIP2	1	
轻触开关	非自锁直插双触点	KEY_X4P	4	
SPDT开关	SSD12	SIP3	8	

（四）电路装接流程

1. 准备工作台

—— 清理作业台面，不准存放与作业无关的东西；

—— 焊台与常用工具置于工具区（执烙铁手边），设置好焊接温度；

—— 待焊接元件置于备料区（非执烙铁手边）；

—— PCB板置于施工者正对面作业区。

2. 按作业指导书装接

—— 烙铁台通电；

—— 将元件按"附件2：逻辑芯片功能检验电路装接作业指导书"；

—— 执行"附件2：逻辑芯片功能检验电路装接作业指导书"。

3. PCB清理

—— 关闭烙铁台电源，放好烙铁手柄；

—— 电路装配完成，用洗板水清洗PCB，去掉污渍、助焊剂残渣和锡珠；

—— 将清洗并晾干的成品电路摆放在成品区。

4. 作业现场6S

—— 清理工具，按区摆放整齐；

—— 清理工作台面，把多余元件上交；

—— 清扫工作台面，垃圾归入指定垃圾箱；

—— 擦拭清洁工作台面，清除污渍。

装接员（OP）签名＿＿＿＿＿＿＿＿＿

装配时间＿＿＿＿＿＿＿＿＿

附件2：

产品名称：逻辑芯片功能检验
产品型号：SDSX-02-04

逻辑芯片功能检验电路装接作业指导书

文件编号：SDSX-02
发行日期：2022年5月11日

版本：1.0
第1页，共3页

作业名称：逻辑芯片功能检验						
工具：调温烙铁台、镊子、焊锡、防静电手环						
设备：放大镜				工序号：1		

	物料名称	规格/型号	PCB标号	数量	备注
1	贴片电容	100pF/0805C	C1	1	
2	贴片电容	100nF/0805C	C3	2	
3	贴片电阻	10k/0805C	R1~R13	13	103/1002
4	贴片发光二极管	0805/0805C	D1~D8	8	红色

作业要求：
1. 对照物料表核对元器件型号，封装是否一致；
2. 烙铁温度为385℃，每个引脚焊接时长不能超过3s；
3. 贴装R9~R13，10k贴片电阻，图例中1示，居中对齐；
4. 贴装C1，100pF贴片电容，图例中2示，检验容量值；
5. 贴装C3、C4，100nF贴片电容，图例中3示，检验容量值；
6. 贴装R1~R8，10k贴片电阻，图例中1示，居中对齐；
7. 贴装D1~D8，贴片发光二极管，图例中4示，注意引脚极性；
8. 检查焊点，质量要至少达到可接受标准（见可接受标准图例）。

注意事项：

图例

1. 字面朝上，居中对齐　2. 容量值100pF，居中对齐　3. 容量值100pF，居中对齐

1. 字面朝上，居中对齐　4. 负极，绿色，居中对齐

端子侧面有润湿填充，最大填充高度可达到端子顶部

阴极（K）　阳极（A）　背面标识箭头指向阴极　正面PN结

产品名称：逻辑芯片功能检验　　　　　　　　　　文件编号：SDSX-02　　　　　　　版本：1.0
产品型号：SDSX-02-04　　　　　　　　　　　　发行日期：2022年5月11日　　　　　第2页，共3页

作业名称：插件1			工序号：2			
工具：调温烙铁台、镊子、焊锡、防静电手环						
设备：放大镜						

	物料名称	规格/型号	PCB标号	数量	备注
1	2×4双排直插针	HDR2X4	P1	1	
2	16P方孔IC插座	DIP16	U1	1	
3	8P单排直插针	Header_8	Pin2、Pin4、Pin5、Pin6	4	
4	4P单排直插针	Header_4	Pin7	1	
5	SPDT拨动开关	SSD12	S1~S8	8	

作业要求：
1. 对照物料表核对元器件型号，封装是否一致；
2. 贴板插装P1、hDR2X4，图例中1示，长脚朝上；
3. 贴板插装U1、DIP16插座，图例中2示，缺口对齐；
4. 贴板插装Pin4、Pin5、Pin2、Pin6，图例中1示，长脚朝上；
5. 贴板插装S1~S8、SPDT开关，图例中3示；
6. 检查焊点，质量要求至少达到可接受标准（见可接受标准图例）。

注意事项：

锥状，引线可辨，引线高出爆料＜1mm

SPDT拨动开关没有极性，插入焊盘焊接即可。

图例

1. 底紧贴板面，长脚朝上

2. 缺口对齐，支撑扁贴板

3. SPDT拨动开关引脚无极性，可互换

产品名称：逻辑芯片功能检验
产品型号：SDSX-02-04

文件编号：SDSX-02
版本：1.0
发行日期：2022年5月11日
第3页，共3页

作业名称：插件2，插座、插针、开关、排阻、数码管	工序号：3				
工具：调温烙铁台、镊子、焊锡、防静电手环					
设备：放大镜					

	物料名称	规格/型号	PCB标号	数量	备注
1	电源插座	公插座/SIP2	+5V/GND	1	
2	信号输入端	公插座/SIP2	CLK/GND	1	
3	1P单排直插针	Header_1	Pin1	1	
4	轻触开关	KEY_X4P	S9~S12	4	
5	8P排阻	2k/202J	RW1	1	
6	数码管	直插/0.56寸	SEG-CC	1	
7	8P单排直插针	Header_8	Pin3,Pin8	2	

作业要求：
1. 贴板插装P1，P2，插座，图例中1示，定位边对齐；
2. 贴板插装Pin1，Header_1，图例中2示，长脚朝上；
3. 限位插装S9~S12，轻触开关，图例中3示，短边对齐；
4. 贴板插装RW1，2k/8P，图例中4示，1脚对齐；
5. 贴板插装SEG-CC，共阴数码管，小数点对齐；
6. 贴板插装Pin3，Pin8，Header_8，图例中5示，长脚朝上；
7. 检查焊点，质量要求至少达到可接受标准（见可接受标准图例）。

注意事项：

1脚标注 限位 短边 定位边标记

图例：

1. 定位边对齐，底紧贴板面
2. 焊接短脚 长脚保留 长脚
3. 短边对齐限位深到
4. 底紧贴板面，1脚对齐
5. 底紧贴板面，长脚朝上

任务三　与门74LS08芯片品质检验

1.《74LS08技术手册》（摘要）

74LS08是一款由四个2输入的与门组成的TTL集成芯片，芯片中每个与门都可以独立实现与逻辑功能，正常工作电压为5V。

1）DIP14封装与引脚

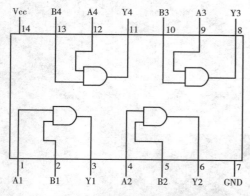

图2-3-1　DIP14封装引脚图（俯视）

表2-3-1　与门与输入、输出引脚对照表

与门	输入引脚		输出引脚
	A	B	Y
F1	1	2	3
F2	4	5	6
F3	9	10	8
F4	12	13	11

2）与门逻辑真值表

表2-3-2　与门逻辑真值表

输入引脚电平		输出引脚电平
A	B	Y
L	L	L
L	H	L
H	L	L
H	H	H

H—高电平　L—低电平

2．外观检验

表2-3-3　外观检验项目表

序号	检验项目	验收方法/工具	检查结果	完成时间
1	型号、品牌标记清晰可见	目测	□合格　□不合格	
2	封装完整无破损	目测	□合格　□不合格	
3	引脚规整无缺，1号脚标注清晰	目测	□合格　□不合格	

3.逻辑功能检查

采用测试平台,搭建74LS08逻辑功能检查电路,逐个检验4个与门功能。

按照与门电平关系表设置输入电平,测试输出电平,观察输入、输出结果是否与《74LS08技术手册》提供的真值表一致,如果一致,芯片工作正常。

1) 与门F1逻辑功能检查电路原理图

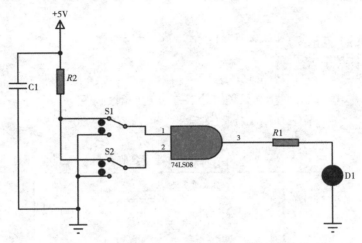

图2-3-2　与门F1逻辑功能检查电路原理图

2) 连接与门F1逻辑功能检查电路

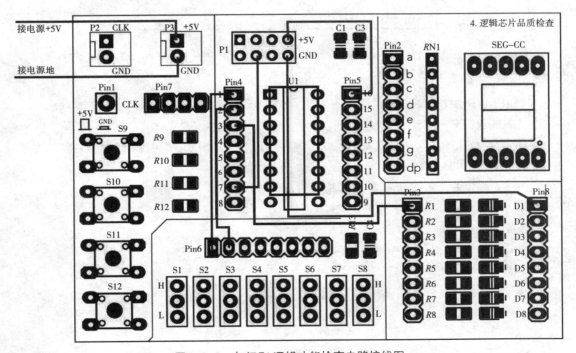

图2-3-3　与门F1逻辑功能检查电路接线图

在实训板"逻辑芯片功能检验",用跳线按照图2-3-3所示连接各个端子,接好74LS08与门F1逻辑功能检查电路,确认电路连接良好。

3)确认芯片通电正常

—— 电路接通DC+5V,确认红表笔接万用表的电压端,黑表笔接万用表的公共端,选用万用表直流电压挡量程≥10V;

—— 红表笔接测试引脚,黑表笔接地,如果测芯片14号引脚电压为5V,测芯片7号引脚电压为0V,芯片供电正常。

注: 输入信号——1/H,0/L,x/H或L;输出信号——1/亮,0/灭。

4)检验与门F1逻辑功能

—— 如表2-3-4与门F1逻辑真值表所示,从第1行到第4行逐行按AB值设置S1、S2的电平值,观察D1输出,并把观察结果填入表2-3-4对应行的Y列。

注: 输入信号——1/H,0/L,x/H或L;输出信号——1/亮,0/灭。

表2-3-4 与门F1逻辑真值表

行号	输入变量		输出变量
	A(1#)	B(2#)	Y(3#)
1	0	0	
2	0	1	
3	1	0	
4	1	1	

A(1#):A—逻辑变量名;1#—1号引脚号

—— 与门F1逻辑功能 正常 □ 不正常 □

判断标准: 与技术手册提供真值表对比,如一致,与门F1工作正常。

5)测试与门F2~F4逻辑功能

—— 参照DIP封装与引脚,用跳线分别连接S1、S2与Fn的输入引脚A、B、D1与Fn的输出引脚(n取值:2~4);

—— 对与门Fn,重复步骤4)中的检验过程。

—— 与门F2逻辑功能 正常 □ 不正常 □

—— 与门F3逻辑功能 正常 □ 不正常 □

—— 与门F4逻辑功能 正常 □ 不正常 □

6)检验结果

—— 74LS08集成的4个与门逻辑功能 正常 □ 不正常 □

检验员(IQC)签名＿＿＿＿＿＿＿＿＿＿

检验时间＿＿＿＿＿＿＿＿＿＿

任务四 或门74LS32芯片品质检验

1.《74LS32技术手册》(摘要)

74LS32是一款由4个2输入的或门组成的TTL集成芯片,芯片中每个或门都可以独立实现或逻辑功能,正常工作电压为5V。

1) DIP14封装与引脚

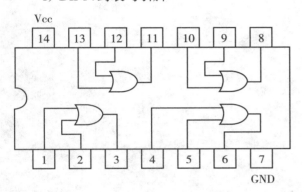

图2-4-1 DIP14封装引脚图(俯视)

表2-4-1 或门与输入、输出引脚对照表

或门	输入引脚		输出引脚
	A	B	Y
F1	1	2	3
F2	4	5	6
F3	9	10	8
F4	12	13	11

2) 或门逻辑真值表

表2-4-2 或门逻辑真值表

输入引脚电平		输出引脚电平
A	B	Y
L	L	L
L	H	H
H	L	H
H	H	H

H—高电平 L—低电平

2.外观检验

表2-4-3 外观检验项目表

序号	检验项目	验收方法/工具	检查结果	完成时间
1	型号、品牌标记清晰可见	目测	□合格 □不合格	
2	封装完整无破损	目测	□合格 □不合格	
3	引脚规整无缺,1号脚标注清晰	目测	□合格 □不合格	

3.逻辑功能检查

采用测试平台,搭建74LS32逻辑功能检查电路,逐个检验4个或门功能。

按照或门电平关系表设置输入电平,测试输出电平,观察输入、输出结果是否与《74LS32技术手册》提供的真值表一致,如果一致,则芯片工作正常。

1) 或门F1逻辑功能检查电路原理图

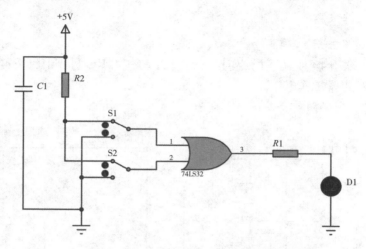

图2-4-2 或门F1逻辑功能检查电路原理图

2) 连接或门F1逻辑功能检查电路

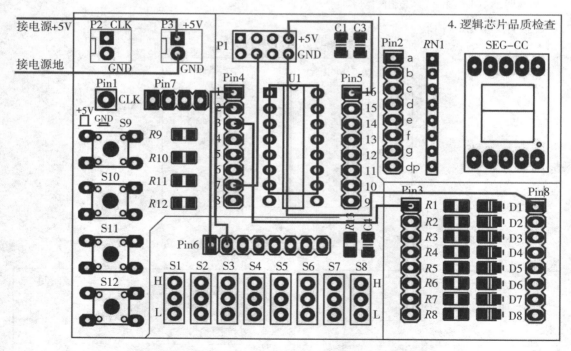

图2-4-3 或门F1逻辑功能检查电路接线图

在实训板"逻辑芯片功能检验",用跳线按照图2-4-3所示连接各个端子,接好74LS32或门F1逻辑功能检查电路,确认电路连接良好。

3) 确认芯片通电正常

—— 电路接通DC+5V,确认红表笔接万用表的电压端,黑表笔接万用表的公共端,选用万用表直流电压挡量程≥10V;

—— 红表笔接测试引脚,黑表笔接地,如果测芯片14号引脚电压为5V,测芯片7号引脚电压为0V,芯片供电正常。

注:输入信号—— 1/H,0/L,x/H或L;输出信号—— 1/亮,0/灭。

4) 检验或门F1逻辑功能

—— 如表2-4-4或门F1逻辑真值表所示,从第1行到第4行逐行按AB值设置S1、S2的电平值,观察D1输出,并把观察结果填入表2-4-4对应行的Y列。

注:输入信号—— 1/H,0/L,x/H或L;输出信号—— 1/亮,0/灭。

表2-4-4　或门F1逻辑真值表

行号	输入变量		输出变量
	A(1#)	B(2#)	Y(3#)
1	0	0	
2	0	1	
3	1	0	
4	1	1	

A（1#）：A—逻辑变量名；1#—1号引脚号

—— 或门F1逻辑功能　正常□　不正常□

判断标准:与技术手册提供真值表对比,如一致,或门F1工作正常。

5) 测试或门F2~F4逻辑功能

—— 参照DIP封装与引脚,用跳线分别连接S1、S2与Fn的输入引脚A、B、D1与Fn的输出引脚(n取值:2~4);

—— 对或门Fn,重复步骤4)中的检验过程。

—— 或门F2逻辑功能　正常□　不正常□

—— 或门F3逻辑功能　正常□　不正常□

—— 或门F4逻辑功能　正常□　不正常□

6) 检验结果

—— 74LS32集成的4个或门逻辑功能　正常□　不正常□

检验员(IQC)签名＿＿＿＿＿＿＿＿

检验时间＿＿＿＿＿＿＿＿

任务五 非门74LS04芯片品质检验

1.《74LS04技术手册》(摘要)

74LS04是一款由6个独立的TTL反相器(非门)组成的集成芯片,主要用于数字电路中反相的作用。

1) DIP14封装与引脚

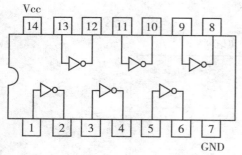

图2-5-1 DIP14封装引脚图(俯视)

表2-5-1 非门与输入、输出引脚对照表

非门	输入引脚	输出引脚	非门	输入引脚	输出引脚
F1	1	2	F4	9	8
F2	3	4	F5	11	10
F3	5	6	F6	13	12

2) 74LS04真值表

表2-5-2 74LS04真值表

输入引脚电平	输出引脚电平
A	Y
H	L
L	H

H—高电平 L—低电平

2. 外观检验

表2-5-3 外观检验表

序号	检验项目	验收方法/工具	检查结果	完成时间
1	型号、品牌标记清晰可见	目测	□合格 □不合格	
2	封装完整无破损	目测	□合格 □不合格	
3	引脚规整无缺,1号脚标注清晰	目测	□合格 □不合格	

3. 逻辑功能检查

采用测试平台,搭建74LS04逻辑功能检查电路,逐个检验6个非门功能。按照非门电

平关系表设置输入电平,测试输出电平,观察输入、输出结果是否与《74LS04技术手册》提供的真值表一致,如果一致,芯片工作正常。

1）非门F1逻辑功能检查电路原理图

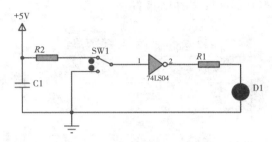

图2-5-2　非门F1逻辑功能检查电路原理图

2）连接非门F1逻辑功能检查电路

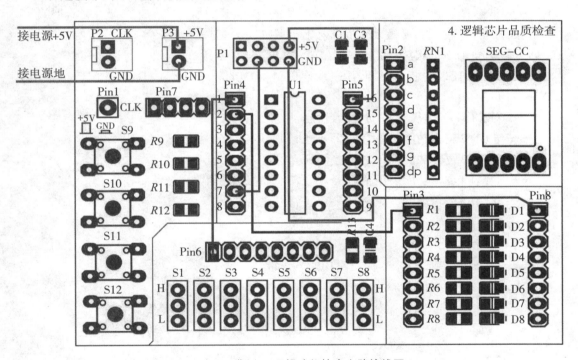

图2-5-3　非门F1逻辑功能检查电路接线图

在实训板"逻辑芯片品质检查",用跳线按照图2-5-3所示连接各个端子,接好74LS04非门F1逻辑功能检查电路,确认电路连接良好。

3）确认芯片通电正常

——电路接通DC+5V,确认红表笔插在万用表的电压端,黑表笔插在万用表的公共端,选用万用表直流电压挡≥10V量程;

——黑表笔接地,红表笔接测试引脚,如果测U1:14脚电压约为5V,测U1:14脚电压为0V,芯片供电正常。

4) 检验非门F1逻辑功能

—— 如表2-5-4 F1逻辑真值表所示,逐行按A值设置非门F1输入S1电平,观察D1输出,并记录结果。

注：输入信号—1/H,0/L,x/H或L；输出信号—1/亮,0/灭。

表2-5-4　非门F1逻辑真值表

输入变量	输出变量
A(1#)	Y(2#)
0	
1	

A（1#）：A—逻辑变量名；1#—1号引脚号

—— 非门F1逻辑功能　正常 □　不正常 □

判断标准：与技术手册提供真值表对比,如一致,非门F1工作正常。

5) 检验非门F2~F6逻辑功能

—— 参照DIP14封装与引脚,用跳线连接S1与Fn的输入引脚A、D1与非门Fn的输出引脚Y(n取值：2~6)；

—— 对非门Fn,重复4)中的检验过程。

—— 非门F2逻辑功能　正常 □　不正常 □

—— 非门F3逻辑功能　正常 □　不正常 □

—— 非门F4逻辑功能　正常 □　不正常 □

—— 非门F5逻辑功能　正常 □　不正常 □

—— 非门F6逻辑功能　正常 □　不正常 □

6) 检验结果

—— 74LS04集成的6个非门逻辑功能　正常 □　不正常 □

检验员(IQC)签名＿＿＿＿＿＿＿＿＿＿＿

检验时间＿＿＿＿＿＿＿＿＿＿＿

思考题：

数字医院和智能化医疗设备都离不开各种各样的数字芯片,如果我们国家自己不能生产各种数字芯片,中国的数字医疗设备发展会付出什么样的代价?

项目三 光电隔离与数字信号传递

设计者：郭　刚① 李昌锋② 张　科③ 谢　玲④

项目简介

　　"生命至上，安全第一"是现代医疗设备设计、生产、使用与维护的基本原则。因此，有源医疗设备对人体生物电进行采集、测量时，常采用"浮地"技术，实现人体与电气的隔离，达到有效防范"电"对患者的伤害，保护患者人身安全。

　　光电耦合器输入端为发光二极管，发光强弱与正向导通电压的大小成正比；输出端为光敏三极管，输出端CE极间导通电阻与输入端射入光线成反比。其良好的单向传递性、线性和转换速度及"电→光→电"的转换实现了输入端与输出端的电气隔离，使其在医疗设备中得到广泛应用。

　　本次实训以某心电图机AD转换后数字信号光电耦合电路为实训电路，通过对光电耦合等元器件品质检查、光电隔离与数字信号传递电路装接与质量检查、光电隔离与数字信号传递分析及调试、典型故障排除等实训任务的训练，培养医学临床工程师熟悉数字信号传递方式、光电隔离器的优点与工作特性、电压法排查故障；掌握数字信号发生器、数字示波器的使用；浮地电路的测试方法；树立临床维修与维护岗位"生命至上，安全第一"的职业意识。

① 湘潭市中心医院
② 福建生物工程职业技术学院
③ 上海普康医疗科技有限公司
④ 湘潭医卫职业技术学院

(一) 实训目的

1. 职业岗位行动力

(1) 能够按作业指导检查光电隔离、可调电阻等元器件品质；

(2) 能够按作业指导手工装接光电隔离与数字信号传递电路并检查装接质量；

(3) 能够按任务引导分析光电隔离与数字信号传递电路的结构与工作原理；

(4) 能够按任务调试光电隔离与数字信号传递电路的功能；

(5) 能够按任务引导用电压法检测并排除光耦损坏的典型故障。

2. 职业综合素养

(1) 树立"生命至上，安全第一"的职业意识；

(2) 培养"遵章作业，精益求精"的工匠精神；

(3) 培养"分工协作，同心合力"的团队协作精神。

(二) 实训工具

表3-0-1　实训工具表

名称	数量	名称	数量	名称	数量
数字直流稳压电源	1	锡丝、松香	若干	斜口钳	1
光电隔离电路套件	1	防静电手环	1	调温烙铁台	1
数字万用表	1	镊子	1		

(三) 实训物料

表3-0-2　实训物料表

物料名称	型号	封装	数量	备注
NPN三极管	9013	TO92	2	2N3904代换
光电耦合	PC817	DIP4	1	
贴片发光二极管	0805	0805D	1	红色
贴片电阻	1k	0805	4	
贴片电阻	10k	0805	1	
电源插座	公插座	2510SIP2	2	配母插头一个
CLK 时钟输入	公插座	2510SIP2	1	配母插头一个
测试点	Header_1	SIP1	2	黄色
2P跳线	Header_2	SIP2	3	配跳线帽

(四) 参考资料

(1)《9013技术手册》；
(2)《PC817A技术手册》；
(3)《贴片发光二极管技术手册》；
(4)《数字可编程稳压电源使用手册》；
(5)《数字万用表使用手册》；
(6)《数字信号源使用手册》；
(7)《数字示波器使用手册》；
(8)《IPC-A-610E电子组件的可接受性要求》。

(五) 防护与注意事项

(1) 佩戴防静电手环或防静电手套，做好静电防护；
(2) 爱护仪器仪表，轻拿轻放，用完还原归位；
(3) 有源设备通电前要检查电源线是否破损，防止触电或漏电；
(4) 使用烙铁时，严禁甩烙铁，防止锡珠飞溅伤人，施工人员建议佩戴防护镜；
(5) 焊接时，实训场地要通风良好，施工人员建议佩戴口罩；
(6) 实训操作时，不得带电插拔元器件，防止尖峰脉冲损坏器件；
(7) 实训时，着装统一，轻言轻语，有序行动；
(8) 实训全程贯彻执行6S。

(六) 实训内容

任务一　元器件品质检查
任务二　光电隔离与数字信号传递电路装接与质量检查
任务三　光电隔离与数字信号传递电路分析与调试
任务四　光耦发射端损坏典型故障检修
任务五　光耦接收端损坏典型故障检修

任务一 元器件品质检查

对应职业岗位 IQC/IPQC/AE

（一）三极管9013/2n3904型TO92封装品质检验

1.9013型TO92三极管封装与引脚

1. 发射极（E）
2. 基极（B）
3. 集电极（C）

1 2 3

图3-1-1 9013型TO92三极管封装与引脚

2.外观检验

表3-1-1 外观检验项目表

序号	检验项目	验收方法/工具	检查结果	完成时间
1	型号、品牌标记清晰可见	目测	□ 合格　□ 不合格	
2	封装无破损、无裂缝	目测	□ 合格　□ 不合格	
3	引脚规整，标识清晰可见	目测	□ 合格　□ 不合格	

3.检验NPN三极管电流放大倍数h_{FE}

采用数字万用表测量三极管的h_{FE}参数，检验三极管功能是否正常。

1）设置万用表

—— 选用数字万用表的h_{FE}挡位。

2）测试h_{FE}参数

—— 9013三极管插入万用表"NPN"测试口，引脚号与万用表"NPN"插座号一致；

—— 手向下按紧三极管，确保引脚与测试口接触良好；

—— 读表显示h_{FE}为_____。

3）检验结果

—— 三极管h_{FE}参数　合格 □　不合格 □

判断标准：h_{FE}测量值在h_{FE}典型值表对应等级的范围内。

表3-1-2 h_{FE} 典型值表

等级	D	E	F	G	h	I	J
范围	64~91	78~112	96~135	112~166	144~202	190~300	300~400

检验员(IQC)签名＿＿＿＿＿＿＿＿＿＿＿

检验时间＿＿＿＿＿＿＿＿＿＿＿

(二) 贴片发光二极管品质检验

1.贴片发光二极管封装与电极

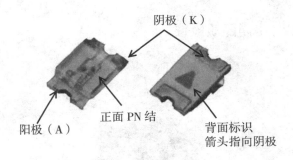

图3-1-2   贴片发光二极管0805D封装与结构

2.外观检验

表3-1-3   外观检验项目表

序号	检验项目	验收方法/工具	检查结果	完成时间
1	型号、品牌标记清晰可见	目测	□ 合格　□ 不合格	
2	封装无破损、无裂缝	目测	□ 合格　□ 不合格	
3	引脚规整,标识清晰可见	目测	□ 合格　□ 不合格	

3.检验发光二极管单向导通性

采用数字万用表二极管挡,测试正向发光(饱和),反向电阻无穷大(截止)。

1) 设置万用表

—— 选用万用表,红表笔接"V/Ω/A"端,黑表笔接公共端;

—— 选择二极管挡,红、黑表笔短接,万用表发出蜂鸣声,确认万用表工作正常。

2) 检测正向饱和性

—— 红表笔接发光二极管阳极(A)引脚,黑表笔接发光二极管阴极(K)引脚;

—— 发光二极管发光,正向导通。

3）检测反向截止性

—— 红表笔接发光二极管阴极(K)引脚，黑表笔发光二极管阳极(A)引脚；

—— 数字万用表显示电阻无穷大。

4）检验结果

—— 发光二极管正向导通性　合格□　不合格□

判断标准：二极管发光。

—— 发光二极管反向截止性　合格□　不合格□

判断标准：反向电阻无穷大。

检验员(IQC)签名＿＿＿＿＿＿＿＿＿＿

检验时间＿＿＿＿＿＿＿＿＿＿

（三）102（1001）贴片电阻品质检查

1.贴片电阻封装与结构

标称值（正面）　　电阻体

电极　　　　　电极

图3-1-3　贴片电阻封装与结构

2.检查汇总表

表3-1-4　检查汇总表

序号	检验项目	验收方法/工具	检查结果	完成时间
1	型号、品牌标记清晰可见	目测	□合格　□不合格	
2	封装无破损、无裂缝	目测	□合格　□不合格	
3	引脚规整，标识清晰可见	目测	□合格　□不合格	

3.检查电阻阻值与误差

采用数字万用表欧姆挡测量阻值，计算测量值与标称值的误差。

1）读贴片电阻的标称值

贴片电阻标称值为＿＿＿＿＿＿＿，允许误差为＿＿＿＿＿＿＿。

注：四位数标法，前三个数为有效数字，第四位是数量级，如$1002=100×10^2=10k\Omega$；

　　贴片电阻采用四位数标法，精度为1%。

2）设置万用表

—— 选用数字万用表欧姆挡≥20kΩ量程，红表笔插入"Ω"端，黑表笔插入公共端，红、黑表笔短接，表显0Ω；

—— 红表笔接一个电极，黑表笔接另一个电极，读表显阻值；

—— 电阻测量值_____；

—— 实际误差=［(测量值-标称值)/标称值］× 100% =_____。

3) 检验结果如下

—— 电阻阻值与误差　合格 □　不合格 □

判断标准： 实际误差≤允许误差。

检验员(IQC)签名_____

检验时间_____

(四) 1002 (103)贴片电阻品质检查

1. 贴片电阻封装与结构

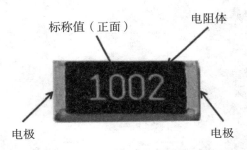

图3-1-4　贴片电阻封装与结构

2. 外观检验

表3-1-5　外观检验项目表

序号	检验项目	验收方法/工具	检查结果	完成时间
1	型号、品牌标记清晰可见	目测	□合格　□不合格	
2	封装无破损、无裂缝	目测	□合格　□不合格	
3	引脚规整，标识清晰可见	目测	□合格　□不合格	

3. 检验电阻阻值与误差

采用数字万用表欧姆挡测量阻值，计算测量值与标称值的误差。

1) 读贴片电阻的标称值

贴片电阻标称值为_____，允许误差为_____。

注： 四位数标法，前三个数为有效数字，第四位是数量级，如 $1002=100 \times 10^2=10 \mathrm{k}\Omega$ ；

贴片电阻采用四位数标法，精度为1%。

2) 设置万用表

—— 选用数字万用表欧姆挡≥20kΩ量程，红表笔插入 "Ω" 端，黑表笔插入公共端，红、

黑表笔短接,表显0Ω;

—— 红表笔接一个电极,黑表笔接另一个电极,读表显阻值;

—— 电阻测量值_____;

—— 实际误差=[(测量值-标称值)/标称值]×100%=_____。

3) 检验结果

—— 电阻阻值与误差　合格□　不合格□

判断标准: 实际误差≤允许误差。

检验员(IQC)签名_____

检验时间_____

(五) 3362P-10k可调电阻品质检验

1.可调电阻封装与引脚

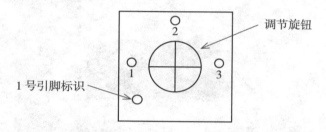

图3-1-5　3362P可调电阻封装与引脚顶部俯视图

2.外观检验

表3-1-6　外观检验项目表

序号	检验项目	验收方法/工具	检查结果	完成时间
1	型号、品牌标记清晰可见	目测	□合格 □不合格	
2	标称值清晰可见	目测	□合格 □不合格	
3	封装无破损、无裂缝	目测	□合格 □不合格	
4	引脚规整,标识清晰可见	目测	□合格 □不合格	

3.检验阻值可调和误差

采用数字万用表欧姆挡,检验总阻值与分电阻阻值。

注: $R13$表示引脚1与3之间的电阻, $R13=R12+R23$。

1) 读标称值

—— 读可调电阻的标注为_____,电阻为_____Ω;

—— 3362P-10k可调电阻允许误差是±10%。

注: 10~1MΩ的3362可调电阻允许误差是±10%。

2) 设置万用表

—— 选用数字万用表欧姆挡≥20kΩ量程，红表笔插入"Ω"端，黑表笔插入公共端；

—— 红、黑表笔短接，表显0Ω，万用表工作正常。

3) 检验总阻值误差

—— 确认1、3引脚位置；

—— 红表笔可调电阻1脚，黑表笔接可调电阻3脚；

—— 表显示测量值_____Ω；

—— 实际误差＝[(测量值−标称值)/标称值]×100%＝(_____/_____)×100%＝_____。

—— 实际误差_____(＞，＝，＜)标称误差　合格□　不合格□

判断标准：实际误差≤标称误差。

4) 检验电阻可调性

—— 确认1、2、3引脚位置；

—— 红表笔接可调电阻1脚，黑表笔接可调电阻3脚，所测值填表3-1-7，1行$R13$；

—— 红表笔接可调电阻1脚，黑表笔接可调电阻2脚，所测值填表3-1-7，1行$R12$；

—— 红表笔接可调电阻2脚，黑表笔接可调电阻3脚，所测值填表3-1-7，1行$R23$；

—— 用十字螺丝刀调节旋钮，重复以上步骤，所测值填表3-1-7，2行$R13$、$R12$、$R23$。

表3-1-7　电阻测量值

序号	$R13$	$R12$	$R23$
1			
2			

—— 分电阻与总电阻的可调性　合格□　不合格□

判断标准：各分电阻阻值之和等于总电阻值。

5) 检验结果

—— 3362P-10k可调电阻品质检验　合格□　不合格□

检验员(IQC)签名_____

检验时间_____

（六）直插PC817光电耦合品质检查

1.PC817封装与引脚

图3-1-6　PC817 DIP4封装

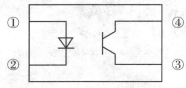

1. 阳极
2. 阴极
3. 发射极
4. 集电极

图3-1-7　PC817 DIP4引脚图

2.外观检验

表3-1-8　外观检验项目表

序号	检验项目	验收方法/工具	检查结果	完成时间
1	型号、品牌标记清晰可见	目测	□ 合格　□ 不合格	
2	封装无破损、无裂缝	目测	□ 合格　□ 不合格	
3	引脚规整，标识清晰可见	目测	□ 合格　□ 不合格	

3.检验光电耦合特性

1）搭建检验电路

如图3-1-8所示，在实训板"逻辑芯片品质检查"，用跳线连接相同标号的端子，接好PC817功能验证电路，确认电路连接良好。

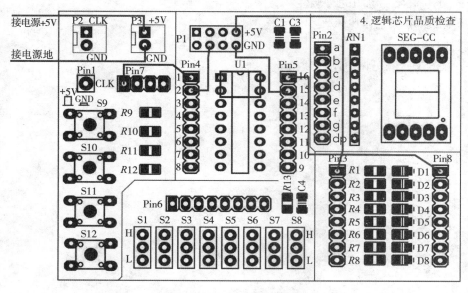

图3-1-8　PC817功能检验电路

2) 确认电路通电正常

——P3接直流稳压电源DC+5V；

——选用万用直流电压挡量程≥10V，确认红表笔插入电压端，黑表笔插入公共端；

——黑表笔接GND，红表笔接检验+5V，电压测量值约为5V。

3) 验证光电耦合器的导通性

——确认S9处于弹起状态，即PC817的1脚接+5V；

——发光二极管D1_____(亮/灭)，即PC817的4脚接_____(高/低)电平；

——选用万用直流电压挡量程≥10V，确认红表笔插入电压端，黑表笔插入公共端；

—— 黑表笔接GND，红表笔接检验PC817的1脚，所测值约为_____V；

—— 黑表笔接GND，红表笔接检验PC817的4脚，所测值约为_____V。

—— PC817的截止性　正常□　不正常□

判断标准：PC817的1脚电压约为1.1V，内接的发光二极管导通发光；

PC817的4脚电压小于1.4V，内接的光敏三极管CE极饱和导通。

4) 验证光电耦合器的截止性

—— 按下S9不松，使其处于按下状态，接GND；

—— 发光二极管D1_____(亮/灭)，即PC817的4脚接_____(高/低)电平；

—— 选用万用直流电压挡≥10V量程，确认红表笔插入电压端，黑表笔插入公共端；

—— 黑表笔接GND，红表笔接检验PC817的1脚，所测值约为_____V；

—— 黑表笔接GND，红表笔接检验PC817的4脚，所测值约为_____V。

—— PC817的截止性　正常□　不正常□

判断标准：PC817的1脚电压约为0V，内接的发光二极管截止不发光；

PC817的4脚电压大于3V，内接的光敏三极管CE极截止。

5) 检验结果

—— PC817的光电耦合特性　正常□　不正常□

检验员(IQC)签名_____
检验时间_____

任务二 光电隔离与数字信号传递电路装接与质量检查

对应职业岗位　OP/IPQC/FAE

(一) 电路原理图

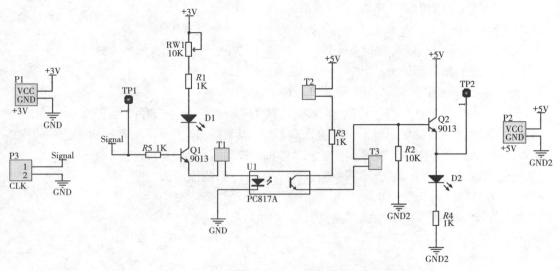

图3-2-1　光电隔离与数字信号传递电路原理图

(二) 电路装配图

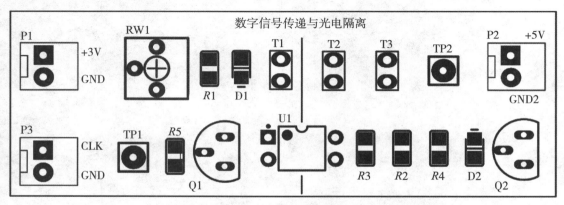

图3-2-2　光电隔离与数字信号传递电路装配图

(三) 物料单(BOM)

表3-2-1　物料单表

物料名称	型号	封装	数量	备注
NPN三极管	9013	TO92	2	2N3904代换
光电耦合	PC817	DIP4	1	
贴片发光二极管	0805	0805D	1	红色
贴片电阻	1k	0805	4	
贴片电阻	10k	0805	2	
电源插座	公插座	2510SIP2	2	配母插头一个
CLK 时钟输入	公插座	2510SIP2	1	配母插头一个
测试点	Header_1	SIP1	4	黄色
2P跳线	Header_2	SIP2	3	配跳线帽

(四) 电路装接流程

1. 准备工作台
—— 清理作业台面,不准存放与作业无关东西;
—— 焊台与常用工具置于工具区(执烙铁手边),设置好焊接温度;
—— 待焊接元件置于备料区(非执烙铁手边);
—— PCB板置于施工者正对面作业区。

2. 按作业指导书装接
—— 烙铁台通电;
—— 将元件按"附件3:光电隔离与数字信号传递电路装接作业指导书"整形好;
—— 执行"附件3:光电隔离与数字信号传递电路装接作业指导书"装配电路。

3. PCB清理
—— 关闭烙铁台电源,放好烙铁手柄;
—— 电路装配完成,用洗板水清洗PCB,去掉污渍、助焊剂残渣和锡珠;
—— 将清洗并晾干的成品电路摆放在成品区。

4. 作业现场6S
—— 清理工具,按区摆放整齐;
—— 清理工作台面,把多余元件上交;

　　—— 清扫工作台面,垃圾归入指定垃圾箱;

　　—— 擦拭清洁工作台面,清除污渍。

现场装配技师(OP)签名＿＿＿＿＿＿＿＿＿＿＿＿

＿＿＿＿＿年＿＿＿＿＿月＿＿＿＿日＿＿＿＿时＿＿＿＿分

(五) 检测装接质量

采用数字万用表的蜂鸣挡来检测导线连接的两个引脚或端点是否连通。

1. 外观检验

表3-2-2　外观检验项目表

序号	检验项目	验收方法/工具	检查结果	完成时间
1	引脚高于焊点＜1mm(其余剪掉)	目测	□合格　□不合格	
2	已清洁PCB板,无污渍	目测	□合格　□不合格	
3	焊点平滑光亮,无毛刺	目测	□合格　□不合格	

2. 焊点导通性检测

1) 分析电路的各焊点的连接关系

　　—— 请参照图3-2-1原理图,分析图3-2-2所示装配图各焊点之间的连接关系。

2) 设置万用表

　　—— 确认红表笔插入"V/Ω"端,黑表笔接插入公共端,选用数字万用表的蜂鸣挡;

　　—— 红、黑表笔短接,万用表发出蜂鸣声,说明表工作正常。

3. 检测电源是否短接

　　—— 红表笔接电源正极(VCC),黑表笔接电源负极(GND);

　　—— 无声,表明电源无短接;有声,请排查电路是否短路。

4. 检查线路导通性

　　—— 红、黑表笔分别与敷铜线两端的引脚或端点连接,万用表发出蜂鸣声,说明电路连接良好;

　　—— 无声,请排查电路是否断路;有声,表明电路正常;

　　—— 重复上一步骤,检验各个敷铜线两端的引脚或端点连接性能。

已经执行以上步骤,经检测确认电路装接良好,可以进行电路调试。

现场装配技师(OP)签名＿＿＿＿＿＿＿＿＿＿＿＿

＿＿＿＿＿年＿＿＿＿月＿＿＿＿日＿＿＿＿时＿＿＿＿分

附件3:

产品名称:光电隔离与数字信号传递电路
产品型号:SDSX-03-04

光电隔离与数字信号传递电路装接作业指导书

文件编号:SDSX-03　　版本:4.0
发行日期:2022年4月8日　　第1页,共3页

作业名称:贴片、电阻、发光二极管			工序号:1		
工具:电路板、电路套件、斜口钳、电烙铁、焊锡丝、松香					
设备:恒温烙铁台、镊子、十字螺丝刀					
	物料名称	规格/型号	PCB标号	数量	备注
1	贴片电阻	1k/0805R	R1、R3~R5	4	
2	贴片电阻	10k/0805R	R2	1	
3	贴片发光二极管	0805/0805D	D1、D2	2	绿光
作业要求	1. 对照物料表核对元器件型号、封装是否一致; 2. 烙铁通电,烙铁温度350℃; 3. 贴装R1、R5、R3、R4,1k贴片电阻,图例中1示,字面朝上; 4. 贴装R3,10k贴片电阻,图例中2示,字面朝上; 5. 贴装D1、D2,图例中3示,引脚极性不能装错; 6. 检查焊点,质量要求至少达到可接受标准; 7. 装接完成要求清洁焊点。				
注意事项					
图例					

产品名称：逻辑芯片功能检验　　　文件编号：SDSX-03　　　　版本：1.0

产品型号：SDSX-03-04　　　发行日期：2022年4月8日　　　第2页，共3页

	物料名称	规格/型号	PCB标号	数量	备注
1	2P跳线	Header_2/SIP2	T1、T2、T3	3	
2	NPN三极管	9013/TO92	Q1、Q2	2	
3	测试点	Header_1/SIP1	TP1、TP2	2	黄色

工具：插件1，2P路线、三极管、测试点

工具：电路板、电路套件、斜口钳、电烙铁、焊锡丝、松香

设备：恒温烙铁台、镊子、十字螺丝刀

工序号：2

作业要求

1. 贴板通插T1、T2、T3, 2P跳线，图例中1示，注意长脚朝上；
2. 留缝通插Q1、Q2, NPN三极管，图例中2示，1脚对齐；
3. 贴片插装TP1、TP2, 测试点，图例中3示，圆环朝上；
4. 焊点必须圆润、紧密，不能有毛刺、虚焊、堆焊等问题；
5. 剪掉焊接引脚的多余部分(保留比焊点长1mm)。

注意事项

1. 发射极（E）
2. 基极（B）
3. 集电极（C）

1. 发射极

长脚

图例

1. 焊接短脚，长脚保留

长脚

3. 数字信号传递与光电隔离

2. 1脚对齐，留1~3mm空隙

3. 测环朝上，绝缘珠贴板

076

产品名称：光电隔离与数字信号传递电路　文件编号：SDSX-03
产品型号：SDSX-03-04　发行日期：2022年4月8日

版本：4.0
第3页，共3页

作业名称：插件、可调电阻、插座、光电耦合	工序号：3

工具：电路板、可调电阻、插座套件、斜口钳、电烙铁、焊锡丝、松香

设备：恒温烙铁台、镊子、十字螺丝刀

	物料名称	规格/型号	PCB标号	数量	备注
1	可调电阻	10K/3362P	RW1	1	
2	电源插座	2510 2P	P1, P2	2	
3	CLK插座	2510 2P	P3	1	
4	光电耦合	PC817	U1	1	

作业要求：
1. 贴板插装RW1，10K可调电阻，图例中1示，注意1脚对齐；
2. 贴板插装P1、P2，电源插座，图例中2示，注意定位边对齐；
3. 贴板插装P3，CLK插座，图例中3示，注意定位边对齐；
4. 贴板插装U1，光电耦合，图例中4示，注意1脚对齐；
5. 焊点必须圆润、紧密、不能有毛刺、虚焊、堆焊等问题；
6. 剪掉焊接引脚的多余部分(保留比焊点长1mm)。

注意事项：

图例：

1脚
1脚标记
定位边标记

1. 1脚对齐
2. 定位边对齐，紧贴板面
3. 数字信号传递与光电隔离
3. 定位边对齐，紧贴板面
4. 1脚对齐，留1~3mm空隙

任务三　光电隔离与数字信号传递电路分析与调试

适用对应职业岗位　AE/FAE DE/PCB TE

（一）电路图识读与分析

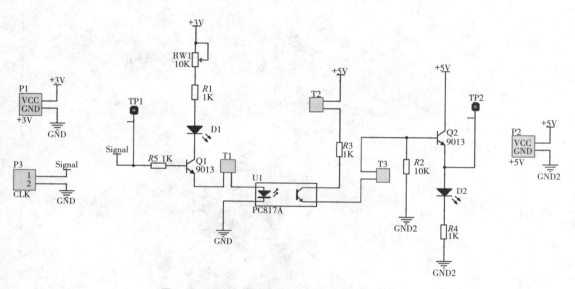

图3-3-1　光电隔离与数字信号传递电路原理图

请认真阅读图3-3-1光电隔离与数字信号传递电路原理图,完成以下任务:

1. 元器件与引脚识读

1) Q1: 9013是_____(NPN/PNP)型三极管,发光二极管D1与Q1的_____极串联,通过上拉电阻R1与_____连接。

2) Q2的_____极与+5V电源相连,其_____极与发光二极管D2串联,再串联接下拉电阻R4接地。

3) PC817A是_____耦合器,其内部发光二极管的阳极与Q1的_____极串联,阴极接_____;内部光敏三极管的_____极通过R3接+5V电源,R2与R3、Rce_____分压,R2两端电压为Q2_____极的输入电压。

2. 工作过程分析

1) 当Q1的基极输入高电平时,Q1的_____极与_____极导通,PC817A内部发光二极管发光;当Q1的基极输入低电平时,Q1的_____极与_____极截止,PC817A内部发光二极管不发光。

注：R_{ce}光敏三极管CE极极间电阻。

2）当PC817A内部发光二极管发光，光敏三极管CE导通，TP2为高电平，Q2的_____极与_____极导通，D2发光；当PC817A内部发光二极管不发光，光敏三极管CE截止，TP2为低电平，Q2的C极与E极截止，D2_____。

注：光敏三极管CE极间电流i_{ce}与B极受光照强度成正比。

(二) 电路功能调试

1. 整备电路

已经按照电路装接作业指导书装配出如图3-3-2所示时钟信号产生电路装配实物，并且通过装接质量检测流程，确认装接质量合格。

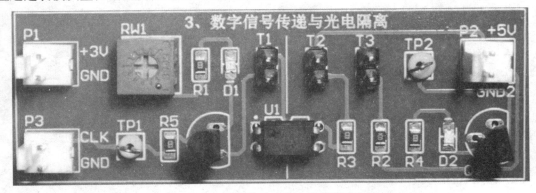

图3-3-2 时钟信号产生电路装配实物图

2. 调试方法

P3的CLK输入不同电平和方波信号，观察发光二极管D1、D2的显示情况。

P3的CLK输入高电平时，观察发光二极管D1、D2是否都亮；

P3的CLK输入低电平时，观察发光二极管D1、D2是否都灭；

P3的CLK输入f=10Hz，V_p=3V方波，观察发光二极管D1、D2是否闪烁。

3. 调试过程

1）电路通电

—— 启动直流稳压电源，设置一路输出+3V，一路输出+5V电压；

—— +3V电源输出的红夹子接P1：+3V，黑夹子接P1：GND；

—— +5V电源输出的红夹子接P2：+5V，黑夹子接P2：GND；

—— 电源允许电压输出，用万用表直流电压挡≥10V量程，测量输出电压。

—— 测量值+3V电压为DC_____V，电源供电　　合格 □　　不合格 □

判断标准：与+3V电源输出电压相等。

—— 测量值+5V电压为DC_____V，电源供电　　合格 □　　不合格 □

判断标准：与+5V电源输出电压相等。

——电源不允许电压输出，把电路板的供电端子与直流稳压电源输出连接好。

2）输入高电平

—— 电源允许电压输出；

—— P3 的 CLK 端子接 +3V 直流电压；

—— 观察到 D1_____（亮/灭），D2_____（亮/灭）。

—— 输入高电平时，电路工作　正常 □　不正常 □

判断标准：D1 亮、D2 亮。

—— 电源不允许电压输出；

—— P3 的 CLK 端子与 +3V 直流电压断开。

3）输入低电平

—— 电源允许电压输出；

—— P3 的 CLK 端子接 GND；

—— 观察到 D1_____（亮/灭），D2_____（亮/灭）。

—— 输入高电平时，电路工作　正常 □　不正常 □

判断标准：D1 灭、D2 灭。

—— 电源不允许电压输出；

—— P3 的 CLK 端子与 GND 断开。

思考题：

为什么 CLK 端输入高电平，D1、D2 都亮呢？而输入低电平，D1、D2 都灭呢？

4）输入 10Hz 方波

（1）启动信号发生器

—— 设置信号发生器：方波，f=10Hz，V_p=3V，允许信号输出；

—— 信号输出的红夹子接 P3 的 CLK 端子，黑夹子接 P3 的 GND 端子；

—— 电源允许电压输出；

—— 观察到 D1、D2_____。

（2）校正示波器

—— 启动示波器，选择 CH1，设置耦合方式为交流，探笔与 CH1 端子连接；

—— 示波器探针连接示波器的 1kHz 基准方波，黑夹子接示波器基准信号的 GND；

—— 按 "Auto" 键，观察示波器显示波形。

—— 示波器工作　合格 □　不合格 □

判断标准：显示波形为方波，频率为 1kHz。

（3）测量 D2 波形

—— 示波器 CH1 探针连接电路 TP2 端子，黑夹子接电路的 GND2 端子；

—— 按 "Auto" 键，观察示波器显示波形；

—— 测量波形频率为_____Hz，V_p 为_____。

—— 输入频率信号时，电路工作　正常 □　不正常 □

判断标准：测量所得频率与 CLK 输入信号频率相等。

—— 电源不允许电压输出；

—— P3的CLK端子与10Hz方波信号断开。

(4) 调试结论

—— 输入高电平时,电路工作　　正常 □　　不正常 □

—— 输入低电平时,电路工作　　正常 □　　不正常 □

—— 输入频率信号时,电路工作　　正常 □　　不正常 □

现场应用工程师(FAE)签名＿＿＿＿＿＿＿＿＿＿＿＿

调试时间＿＿＿＿＿＿＿＿＿＿＿＿

任务四　光耦发射端损坏典型故障检修

适用对应职业岗位　AE/FAE

（一）典型故障现象：信号丢失

光电隔离与数字信号传递电路已经通过电路调试，验证质量合格。请你参照图3-4-1原理图与实物电路，完成以下任务：

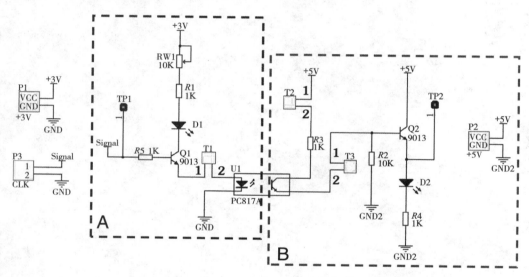

图3-4-1　光电隔离与数字信号传递电路原理图

（二）电路正常工作，输入高电平

输入高电平电路设置说明：跳线T1、T2、T3连接，Signal接+3V，模拟电路正常工作时，输入高电平。

1.电路通电

——确认直流稳压电源，+5V输出接与P2相连，+3V输出与P1相连；

——直流稳压电源允许电压输出，给电路供电。

2.输入高电平，电路状态

1）输入高电平

——Signal端子接+3V直流电压；

——观察到D1亮，D2亮。

2) 测量A电路参数

—— 选用万用直流电压挡量程≥10V,确认红表笔插入V端,黑表笔插入公共端;

—— 黑表笔接GND,红表笔分别测TP1、T1:1电位,测量值填表3-4-1。

表3-4-1 输入高电平A电路电位值

电位	V_{TP1}	$V_{T1:1}$
测量值(V)		

3) A电路工作状态分析

—— 因$V_{TP1} - V_{T1:1}=$_____V,可知三极管Q1的CE极_____(导通/截止);

—— 由$V_{T1:1}$约为_____V,可知PC817A内部发光二极管正向导通发光;

—— 因Q1_____(导通/截止),PC817A内部发光二极管_____(正向/反向)导通发光,所以D1正向导通发光。

4) 测量B电路参数

—— 选用万用直流电压挡量程≥10V,确认红表笔插入"V"端,黑表笔插入公共端;

—— 黑表笔接GND2,红表笔分别测T2:2、T3:2、TP2电位,测量值填表3-4-2;

—— 电源不允许电压输出,电路断电。

表3-4-2 输入高电平B电路电位值

电位	$V_{T2:2}$	$V_{T3:2}$	V_{TP2}
测量值(V)			

5) B电路工作状态分析

—— 因$V_{T2:2} - V_{T3:2}=$_____V可知PC817A内部光敏三极管_____(导通/截止);

—— 因$V_{T3:2}=$_____V,即Q2基极输入_____电平,Q2的CE极_____(导通/截止);

——因Q2的CE极_____(导通/截止),所以D2正向导通发光。

(三) 电路正常工作,输入低电平

输入低电平电路设置说明: 跳线T1、T2、T3连接,Signal接GND,模拟电路正常工作时,输入低电平。

1. 电路通电

—— 确认直流稳压电源,+5V输出接与P2相连,+3V输出与P1相连;

—— 直流稳压电源允许电压输出,给电路供电。

2. 输入低电平,电路状态

1) 输入低电平

—— Signal端子接GND;

—— 观察到D1灭,D2灭。

2）测量A电路参数

—— 选用万用直流电压挡量程≥10V,确认红表笔插入"V"端,黑表笔插入公共端;

—— 黑表笔接GND,红表笔分别测TP1、T1:1电位,测量值填表3-4-3。

表3-4-3　输入高电平A电路电位值

电位	V_{TP1}	$V_{T1:1}$
测量值(V)		

3）A电路工作状态分析

—— 因$V_{TP1}-V_{T1:1}=$___V,可知三极管Q1的CE极_____(导通/截止);

—— 由$V_{T1:1}$小于电源电压+3V,可知PC817A内部发光二极管截止不发光;

—— 因Q1(导通/截止),PC817A内部发光二极管截止不发光,所以D1截止不发光。

4）测量B电路参数

—— 选用万用直流电压挡≥10V量程,确认红表笔插入"V"端,黑表笔插入公共端;

—— 黑表笔接GND2,红表笔分别测T2:2、T3:2、TP2电位,测量值填表3-4-4;

—— 电源不允许电压输出,电路断电。

表3-4-4　输入高电平B电路电位值

电位	$V_{T2:2}$	$V_{T3:2}$	V_{TP2}
测量值(V)			

5）B电路工作状态分析

—— 因$V_{T2:2}-V_{T3:2}=$_____V,可知PC817A内部光敏三极管_____(导通/截止);

—— 因$V_{T3:2}=$_____V,即Q2基极输入_____电平,Q2的CE极_____(导通/截止);

—— 因Q2的CE极_____(导通/截止),所以D2截止不发光。

(四) 典型故障排除

模拟故障电路设置说明：跳线T1断开,T2、T3连接,模拟PC817内部发光二极管损坏不导通。

1. 启动电路

—— 设置信号发生器：方波,f=10Hz,V_p=3V,允许信号输出;

—— 信号输出的红夹子接P3的CLK端子,黑夹子接P3的GND端子;

—— 电源允许电压输出;

—— 确认跳线已按要求设置;

—— 确认直流稳压电源,+5V输出接与P2相连,+3V输出与P1相连;

——直流稳压电源允许电压输出,给电路供电。

2. 观察故障现象

——D1_____(闪烁/灭);

——D2_____(闪烁/灭);

——故障描述:在输入f=10Hz的方波时,D1_____,D2_____。

3. 故障原因分析

输入f=10Hz的方波时,D1与D2都不闪烁,根据电路原理图和电路功能分析,故障原因可能有:D1和D2同时损坏、Q1工作不正常、PC817内部发光二极管断开。

4. 故障排查

1) 排查对象

D1和D2是否损坏、Q1工作状态、PC817内部发光二极管工作状态。

2) 排查方法

故障重现法、电压法。

3) 排查过程

排查D1和D2是否损坏

——断开+3V和+5V电源;

——选用万用表二极管挡,红表笔接"V/Ω/A"端,黑表笔接公共端;

——红、黑表笔短接,万用表发出蜂鸣声,确认万用表工作正常;

——红表笔接D1阳极(A)引脚,黑表笔D1阴极(K)引脚;

——观察到D1_____(亮/灭);

——红表笔接D2阳极(A)引脚,黑表笔D2阴极(K)引脚;

——观察到D2_____(亮/灭)。

结果分析: D1、D2在阳极接正,阴极接负时,都发光,说明正向导通正常。

排查结论: D1、D2正向导通正常,工作正常。

排查Q1、PC817工作状态

——接通+3V和+5V电源;

——选用万用表直流电压挡≥10V量程,红表笔接"V"端,黑表笔接公共端;

——黑表笔接GND,红表笔测Q1的C极,电压值为_____V;

——黑表笔接GND,红表笔测Q1的E极,电压值为_____V;

——黑表笔接GND,红表笔测T1:2,电压值为_____V;

——选用万用表交流电压挡≥10V量程,红表笔接"V"端,黑表笔接公共端;

——黑表笔接GND,红表笔测Q1的B极,电压值为_____V。

结果分析: Q1的B极有电压,且大于0.7V,说明输入信号已经到达Q1的B极;由于Q1的C极、E极(T1:1)有电压值且约为电源电压值,而T1:2电压约为0V,由原理图可知Q1的C极、E极与PC817的内部发光二极管是串联的,因此可以推断出T1处出现断路(串联电路断路点之前电位处处相等,断点之后电位突变)。

排查结论: T1处出现断路。

5.排除故障

—— 确认电路已经输入 $f=10Hz$，$V_p=3V$ 的方波；

—— 电路掉电，用跳线帽连接 T1 两个引脚；

—— 电路通电，D1_____(亮/灭)，D2_____(亮/灭)。

6.维修结论

—— 故障现象消失，故障已解决。

思考题：

为什么测量 Q1 的 B 极电压要选用交流电压挡？

现场应用工程师(AE)签名_____

维修时间_____

任务五　光耦接受端损坏典型故障检修

适用对应职业岗位　**AE/FAE**

(一) 典型故障现象：信号丢失

光电隔离与数字信号传递电路已经通过电路调试，验证质量合格。请你参照图3-5-1原理图与实物电路，完成以下任务：

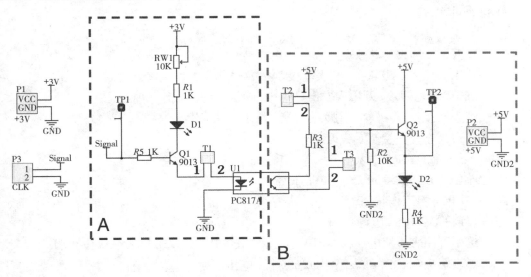

图3-5-1　光电隔离与数字信号传递电路原理图

(二) 典型故障排除

模拟故障电路设置说明：跳线T3断开，T1、T2连接，模拟PC817内部敏三极管损坏不导通。

1. 电路通电

—— 设置信号发生器：方波，f=10Hz，V_p=3V，允许信号输出；

—— 信号输出的红夹子接P3的Signal端子，黑夹子接P3的GND端子；

—— 电源允许电压输出；

—— 确认跳线已按要求设置；

—— 确认直流稳压电源，+5V输出接与P2相连，+3V输出与P1相连；

—— 直流稳压电源允许电压输出，给电路供电。

2．观察故障现象

—— D1_____(闪烁/灭)；

—— D2_____(闪烁/灭)；

—— 故障描述：在输入f=10Hz的方波时，D1_____，D2_____。

3．故障原因分析

输入f=10Hz的方波时，D1闪烁，D2灭，根据电路原理图和电路功能分析，故障原因可能有：D2损坏、Q2工作不正常、PC817内部光敏三极管断开。

4．故障排查

1）排查对象

D2是否损坏、Q2工作状态、PC817内部光敏三极管工作状态。

2）排查方法

故障重现法、电压法。

3）排查过程

排查D2是否损坏

—— 断开+3V和+5V电源；

—— 选用万用表二极管挡，红表笔接"V/Ω/A"端，黑表笔接公共端；

—— 红、黑表笔短接，万用表发出蜂鸣声，确认万用表工作正常；

—— 红表笔接D2阳极(A)引脚，黑表笔D2阴极(K)引脚；

—— 观察到D2_____(亮/灭)。

结果分析： D2在阳极接正，阴极接负时，发光，说明正向导通正常。

排查结论： D2正向导通正常，工作正常。

排查Q2、PC817工作状态

—— 接通+3V和+5V电源；

—— 选用万用表直流电压挡≥10V量程，红表笔接"V"端，黑表笔接公共端；

—— 黑表笔接GND2，红表笔测Q2的C极，电压值为_____V；

—— 黑表笔接GND2，红表笔测Q2的E极(TP2)，电压值为_____V；

—— 黑表笔接GND2，红表笔测T3:1，电压值为_____V；

—— 选用万用表交流电压挡≥10V量程，红表笔接"V"端，黑表笔接公共端；

—— 黑表笔接GND2，红表笔测T3:2，电压值为_____V；

—— 黑表笔接GND2，红表笔测U1:4，电压值为_____V。

结果分析： Q2的C极电压约为5V，E极电压约0V、B极电压(T3:1电压值)，约为0V，说明Q2处于截止状态；由于U1:4有电压，T3:2有电压、T3:1没有电压，因此可以推断出T3处出现断路(串联电路断路点之前电位处处相等，断点之后电位突变)。

排查结论： T3处出现断路。

5．排除故障

—— 确认电路已经输入f=10Hz，V_p=3V的方波；

—— 电路掉电，用跳线帽连接T3两个引脚；

—— 电路通电，D1_____(亮/灭)，D2_____(亮/灭)。

6.维修结论

—— 故障现象消失,故障已解决。

思考题:

1. 如果PC817的内部光敏三极管损坏断开,正常输入方波信号,U1:3,U1:4两个引脚的电位是什么情况?

2. 断开T2,连接T1、T3,输入 $f=10$ Hz, $V_p=3$ V的方波,电路通电,故障现象是D1闪烁,D2灭,用电压法检测,T2:1,T2:2电位有什么区别?

现场应用工程师(AE)签名＿＿＿＿＿＿＿＿＿＿＿＿

维修时间＿＿＿＿＿＿＿＿＿＿＿＿

项目四 时钟信号产生电路装调与检测

设计者：朱承志[1] 胡希俅[2] 邓志强[3] 谢 玲[1]

项目简介

随着我国社会经济的不断发展，大家对医疗服务与医疗技术的要求也越来越高，越来越多的医疗设备被应用于患者诊断、治疗、监护等医疗过程。医疗设备大都具有较高的周密性，即使是先进的、周密的仪器偶然也会有"咳嗽""感冒"的时候，这必定会降低仪器的精准度，增加仪器的故障风险。临床医学工程师不但要具备专业技能和前沿知识，更要有风险意识和"迎难而上，勇于担当"的责任心，定期对医疗设备进行科学有效地维护与检查，对潜在或隐性故障要及时排除，使医疗设备随时处于安全、有效的工作状态。

医疗设备经常采用信号发生器产生方波作为时序脉冲信号，用于计数器的计数脉冲或智能系统的同步脉冲，模块与模块之间或设备与设备之间的数据传输同步信号、电动机运转等定时器的时基信号等方面的信号传输。

时序脉冲信号一旦出现频率不准，会导致定时不准、部件不同步等问题，使医疗设备不能正常工作或机械动作错误，可能危及患者、操作者的安全。因此，临床医学工程师必须具备在检查中及时发现、排除此类故障的能力；具备根据特定故障现象，参照电路功能方框图或原理图，能分析故障原因，制订排查方案以及参照逻辑芯片技术手册，能根据检测数据判断逻辑芯片功能是否正常，确定故障源等职业岗位行动力。

本次实训选用基于CD4069的"时钟信号产生电路"为载体，训练临床医学工程师的手工装调与检测数字电路，识读波形测量与参数，分析与调试RC充放电过程，比较法排查"隐性"故障等职业岗位行动力，树立风险意识和"迎难而上，勇于担当"责任心，培养"节能环保，绿色发展"的可持续发展观等职业综合素养。

---

① 湘潭医卫职业技术学院
② 湖北中医药高等专科学校
③ 湘潭惠康医疗设备有限公司

(一) 实训目的

1.职业岗位行动力

(1) 能够识读非门CD4069技术手册;

(2) 能够执行非门CD4069芯片及其他元器件的品质检测;

(3) 能够用数字示波器测量波形与参数;

(4) 能够识读数字示波测量显示的波形参数;

(5) 掌握比较法排除隐性故障的方法,填写报告。

2.职业综合素养

(1) 树立风险意识和"迎难而上,勇于担当"责任心;

(2) 树立"节能环保,绿色发展"的可持续发展观;

(3) 培养"遵章作业,精益求精"的工匠精神;

(4) 培养"分工协作,同心合力"的团队协作精神。

(二) 实训工具

表4-0-1 实训工具表

名称	数量	名称	数量	名称	数量
数字直流稳压电源	1	锡丝、松香	若干	斜口钳	1
信号发生器套件	1	防静电手环	1	调温烙铁台	1
数字万用表	1	镊子	1		

(三) 实训物料

表4-0-2 实训物料表

物料名称	型号	封装	数量	备注
电解电容	1uF	RAD0.1	1	
测试点	Header_1	SIP1	2	环形
电源插座	公插座	2510SIP2	1	
可调电阻	10KΩ	3362	1	
IC底座	DIP14	DIP14	1	方孔
瓷片电容	100nF	0805C	1	
非门芯片	CD4069	DIP14	1	

(四) 参考资料

(1)《CD4069技术手册》；

(2)《3362可调电阻技术手册》；

(3)《数字可编程稳压电源使用手册》；

(4)《数字万用表使用手册》；

(5)《数字示波器使用手册》；

(6)《IPC-A-610E电子组件的可接受性要求》。

(五)防护与注意事项

(1) 佩戴防静电手环或防静电手套，做好静电防护；

(2) 爱护仪器仪表，轻拿轻放，用完还原归位；

(3) 有源设备通电前要检查电源线是否破损，防止触电或漏电；

(4) 使用烙铁时，严禁甩烙铁，防止锡珠飞溅伤人，施工人员建议佩戴防护镜；

(5) 焊接时，实训场地要通风良好，施工人员建议佩戴口罩；

(6) 实训操作时，不得带电插拔元器件，防止尖峰脉冲损坏器件；

(7) 实训时，着装统一，轻言轻语，有序行动；

(8) 实训全程贯彻执行6S。

(六)实训任务

任务一　元器件品质检查

任务二　时钟信号产生电路装接与质量检查

任务三　时钟信号产生电路分析与调试

任务四　输出频率极限值偏移典型故障检修

任务一 元器件品质检查

（一）3362P-10k可调电阻品质检验

1.可调电阻封装与引脚

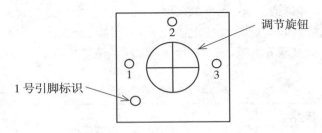

图 4-1-1　可调电阻封装与引脚顶部俯视图

2.外观检验

表4-1-1　外观检验项目表

序号	检验项目	验收方法/工具	检查结果		完成时间
1	型号、品牌标记清晰可见	目测	□ 合格	□ 不合格	
2	标称值清晰可见	目测	□ 合格	□ 不合格	
3	封装无破损、无裂缝	目测	□ 合格	□ 不合格	
4	引脚规整，标识清晰可见	目测	□ 合格	□ 不合格	

3.检验阻值可调和误差

采用数字万用表欧姆挡，检验总阻值与分电阻阻值。

注：$R13$ 表示引脚1与3之间的电阻，$R13=R12+R23$。

1）读标称值

—— 读可调电阻的标注为_____，电阻为_____Ω；

—— 3362P-10k可调电阻允许误差是 ±10%。

注：10~1MΩ 的 3362 可调电阻允许误差是 ±10%。

2）设置万用表

—— 选用数字万用表欧姆挡≥20kΩ量程，红表笔插入"Ω"端，黑表笔插入公共端；

—— 红、黑表笔短接，表显0Ω，万用表工作正常。

3) 检验总阻值误差

—— 确认1、3引脚位置;

—— 红表笔接可调电阻1脚,黑表笔接可调电阻3脚;

—— 表显示测量值_____Ω;

—— 实际误差=[(测量值-标称值)/标称值]×100%=(_____/_____)×100%=_____。

—— 实际误差_____(>,=,<)标称误差 合格□ 不合格□

判断标准: 实际误差≤标称误差。

4) 检验电阻可调性

—— 确认1、2、3引脚位置;

—— 红表笔接可调电阻1脚,黑表笔接可调电阻3脚,所测值填表4-1-2,1行$R13$;

—— 红表笔接可调电阻1脚,黑表笔接可调电阻2脚,所测值填表4-1-2,1行$R12$;

—— 红表笔接可调电阻2脚,黑表笔接可调电阻3脚,所测值填表4-1-2,1行$R23$;

—— 用十字螺丝刀调节旋钮,重复以上步骤,所测值填表4-1-2,2行$R13$、$R12$、$R23$。

表4-1-2　电阻测量值

序号	$R13$	$R12$	$R23$
1			
2			

—— 分电阻与总电阻的可调性 合格□ 不合格□

判断标准: 各分电阻阻值之和等于总电阻值。

5) 检验结果

—— 3362P-10k可调电阻品质检验 合格□ 不合格□

检验员(IQC)签名_____

检验时间_____

(二) 电解电容1uF/50V品质检查

1. 电解电容封装与引脚

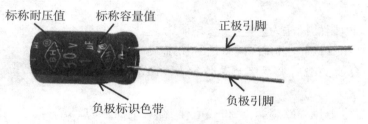

图4-1-2　铝电解电容封装与引脚

2.外观检验

表4-1-3 外观检验项目表

序号	检验项目	验收方法/工具	检查结果	完成时间
1	型号、品牌标记清晰可见	目测	□ 合格 □ 不合格	
2	耐压值、标称值清晰可见	目测	□ 合格 □ 不合格	
3	封装无破损、无鼓包	目测	□ 合格 □ 不合格	
4	引脚规整,极性标识清晰可见	目测	□ 合格 □ 不合格	

3.检验容量值与误差

采用数字万用表"┤├"电容挡测量容量值,检验容量值是否合格。

1) 读标称值

—— 容量标称值_____,最大耐压值为_____V;

—— 常用电解电容允许误差为:±20%。

2) 检验准备

—— 数字万用表选择mF挡,红表笔插入"┤├"电容端,黑表笔插入公共端;

—— 用黑表笔探针短接电解电容的两个引脚,保持一段时间,给电容放电。

3) 实际误差

—— 红表笔接正极,黑表笔接负极,保持一段时间(5s以上);

—— 读容量测量值_____uF;

—— 实际误差=[(测量值-标称值)/标称值]×100%=(_____/_____)×100%=_____。

4) 检验结果

—— 电解电容容量值　合格 □　不合格 □

判断标准:实际误差＜标称误差。

检验员(IQC)签名_____

检验时间_____

(三) 非门CD4069品质检查

1.《CD4069技术手册》(摘要)

CD4069是一款由6个独立的CMOS反相器(非门)组成的CMOS集成芯片,主要用于数字电路中反相的作用。

1) DIP14封装与引脚

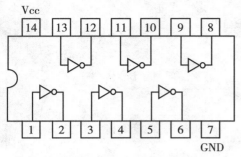

图4-1-3　DIP14封装引脚图(俯视)

表4-1-4　非门与输入、输出引脚对照表

非门	输入引脚	输出引脚	非门	输入引脚	输出引脚
F1	1	2	F4	9	8
F2	3	4	F5	11	10
F3	5	6	F6	13	12

2）CD4069真值表

表4-1-5　CD4069真值表

输入引脚电平	输出引脚电平
A	Y
H	L
L	H

H—高电平　L—低电平

2.外观检验

表4-1-6　外观检验项目表

序号	检验项目	验收方法/工具	检查结果	完成时间
1	型号、品牌标记清晰可见	目测	□合格　□不合格	
2	封装完整无破损	目测	□合格　□不合格	
3	引脚规整无缺，1号脚标注清晰	目测	□合格　□不合格	

3.CD4069功能检验

采用测试平台，搭建CD4069逻辑功能检查电路，逐个检验6个非门功能。

按照非门电平关系表设置输入电平，测试输出电平，观察输入、输出结果是否与《CD4069技术手册》提供的真值表一致，如果一致，芯片工作正常。

1）非门F1逻辑功能检查电路原理图

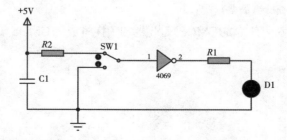

图4-1-4　非门F1逻辑功能检查电路原理图

2）连接非门F1逻辑功能检查电路

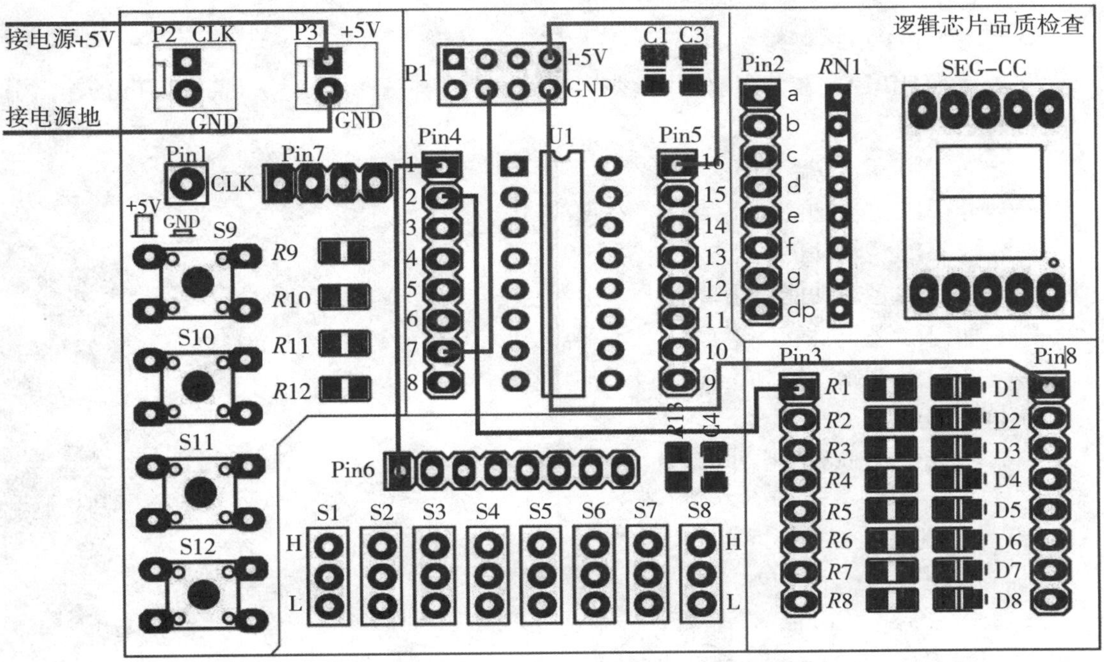

图4-1-5 非门F1逻辑功能检查电路接线图

在实训板"逻辑芯片品质检查"，用跳线按照图4-1-5所示连接各个端子，接好CD4069非门F1逻辑功能检查电路，确认电路连接良好。

3）确认芯片通电正常

—— 电路接通DC+5V，确认红表笔插在万用表的电压端，黑表笔插在万用表的公共端，选用万用表直流电压挡≥10V量程；

—— 黑表笔接地，红表笔接测试引脚，如果测U1:14脚电压约为5V，测U1:7脚电压为0V，芯片供电正常。

4）检验非门F1逻辑功能

—— 如表F1逻辑真值表所示，逐行按A值设置非门F1输入S1电平，观察D1输出，并记录结果。

注： 输入信号— 1/H，0/L，x/H或L；输出信号— 1/亮，0/灭。

表4-1-7 非门F1逻辑真值表

输入变量	输出变量
A（1#）	Y（2#）
0	
1	

A（1#）：A—逻辑变量名；1#—1号引脚

—— 非门F1逻辑功能　正常□　不正常□

判断标准：与技术手册提供真值表对比，如一致，非门F1工作正常。

5）检验非门F2~F6逻辑功能

—— 参照DIP14封装与引脚，用跳线连接S1与Fn的输入引脚A，D1与非门Fn的输出引脚Y(n取值：2~6)；

—— 对非门Fn，重复4)中的检验过程。

—— 非门F2逻辑功能　正常□　不正常□

—— 非门F3逻辑功能　正常□　不正常□

—— 非门F4逻辑功能　正常□　不正常□

—— 非门F5逻辑功能　正常□　不正常□

—— 非门F6逻辑功能　正常□　不正常□

6）检验结果

—— CD4069集成的6个非门逻辑功能　正常□　不正常□

检验员(IQC)签名_____

检验时间_____

（四）无极性瓷片电容100nF品质检查

1.无极性瓷片电容外形与引脚

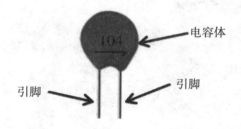

图4-1-6　无极性瓷片电容

2.外观检验

表4-1-8　外观检验项目表

序号	检验项目	验收方法/工具	检查结果	完成时间
1	封装无破损、无鼓包	目测	□合格　□不合格	
2	引脚镀锡规整，无脱落	目测	□合格　□不合格	

3.检查电容容量值与耐压值

采用数字万用表"╫"电容挡测量容量值，检验容量值是否合格。

1）读标称值

—— 标注_____pF；

注：数标法（单位pF）前两个数标识有效数，第三位数标识数量级，如106=10×10^{6}pF。

—— 精度：无标注默认为+100%-20%。

注：X— ±0.001%，E— ±0.005%，L— ±0.01%，P— ±0.02%，W— ±0.05%，B— ±0.01%；

C— ±0.25%，D— ±0.5%，F— ±1%，G— ±2%，J— ±5%，K— ±10%，M— ±20%；

N— ±30%，h— ±100%，R—+100%-10%，T—+50%−10%，Q—+30−10%，S—+50%−20%。

2）检验实际误差

—— 数字万用表选择"mF"挡，红表笔插入"⊣⊢"电容端，黑表笔插入公共端(COM)；

—— 红表笔接一个引脚，黑表笔接另一个引脚；

—— 读容量测量值_____nF；

—— 实际误差=［(测量值-标称值)/标称值］×100%=(_____/_____)×100%=_____。

3）检验结果

——无极性瓷片电容容量值　合格 □　不合格 □

判断标准：实际误差＜标称误差。

检验员(IQC)签名_____

检验时间_____

任务二
任务二 时钟信号产生电路装接与质量检查

(一)电路原理图

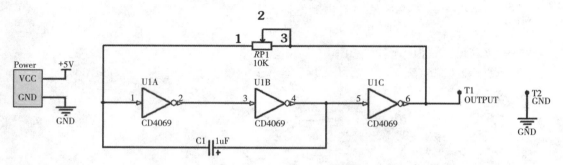

图4-2-1 时钟信号产生电路原理图

(二)电路装配图

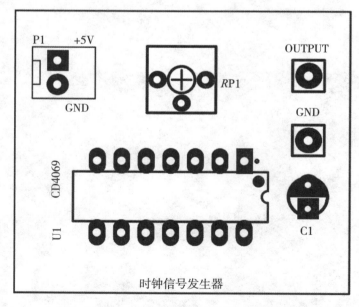

图4-2-2 时钟信号产生电路装配图

(三) 物料单(BOM)

表4-2-1　物料单表

物料名称	型号	封装	数量	备注
电解电容	1uF	RAD0.1	1	
测试点	Header_1	SIP1	2	环形
电源插座	公插座	2510SIP2	1	
可调电阻	10KΩ	3362	1	
IC底座	DIP14	DIP14	1	
瓷片电容	100nF	0805C	1	
非门芯片	CD4069	DIP14	1	不要直接焊接在电路板上

(四) 电路装接流程

1. 准备工作台

—— 清理作业台面,不准存放与作业无关东西;

—— 焊台与常用工具置于工具区(执烙铁手边),设置好焊接温度;

—— 待焊接元件置于备料区(非执烙铁手边);

—— PCB板置于施工者正对面作业区。

2. 按作业指导书装接

—— 烙铁台通电;

—— 将元件按"附件4:时钟信号产生电路装接作业指导书整形好";

—— 执行"附件4:时钟信号产生电路装接作业指导书装配电路"。

3. PCB清理

—— 关闭烙铁台电源,放好烙铁手柄;

—— 电路装配完成,用洗板水清洗PCB,去掉污渍、助焊剂残渣和锡珠;

—— 将清洗并晾干的成品电路摆放在成品区。

4. 作业现场6S

—— 清理工具,按区摆放整齐;

—— 清理工作台面,把多余元件上交;

—— 清扫工作台面,垃圾归入指定垃圾箱;

—— 擦拭清洁工作台面,清除污渍。

装接员(OP)签名＿＿＿＿＿＿＿＿＿＿

装配时间＿＿＿＿＿＿＿＿＿＿

附件4:

产品名称：时钟信号产生电路
产品型号：SDSX-04-04

时钟信号产生电路装接作业指导书

文件编号：SDSX-04　　版本：4.0
发行日期：2022年4月8日　　第1页，共2页
工序号：1

作业名称：时钟信号产生电路

工具：电路板，电路套件，斜口钳，电烙铁，焊锡丝，松香
设备：恒温烙铁台，镊子，十字螺丝刀

插件1，可调电阻，电源插座，1P跳线

	物料名称	规格/型号	PCB标号	数量	备注
1	可调电阻	10KΩ/3362	RP1	1	
2	电源插座	2510/SIP2	+5V	1	
3	测试点	Header_1/SIP1	Output, GND	2	

作业要求：
1. 对照物料表核对元器件型号，封装是否一致；
2. 烙铁温度为350℃；
3. 贴板插装P1，电源插座，图例中1，2示位置与工艺；
4. 贴板插装RP1，可调电阻，图例中3示，引脚位置不能装错；
5. 贴板插装OUTPUT，测试点，图例中4示，短脚插入焊盘。

注意事项

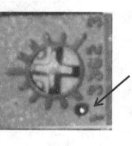

长脚

1脚标识

图例

1. 底部紧贴PCB板面
2. 定位边
3. 1脚标识
4. 长脚
5. 时钟信号发生器

产品名称：时钟信号产生电路
产品型号：SDSX-04

文件编号：SDSX-04
版本：1.0
发行日期：2022年4月8日
第2页，共2页

作业名称：插件2，IC插座、电解电容					工序号：2	
工具：电路板、电路套件、斜口钳、电烙铁、焊锡丝、松香						
设备：恒温烙铁台、镊子、十字螺丝刀						

	物料名称	规格/型号	PCB标号	数量	备注
1	14P IC插座	DIP14	U1	1	先焊底座
2	电解电容	1uF/50V	C1	1	

作业要求：
1. 贴板插装U1焊接，DIP14IC底座，如图例中1所示，注意IC底座缺口对齐；
2. 贴板插装C1，电解电容，如图例中2所示，注意正、负引脚极性不能装反；
3. 装接完毕之后要将元件多余引脚剪掉；
4. 焊点必须圆润、紧密，不能有毛刺、虚焊、堆焊等问题。

注意事项：

图例

103

(五) 检测装接质量

采用数字万用表的蜂鸣挡来检测导线连接的两个引脚或端点是否连通。

1. 外观检验

表4-2-2　外观检验项目表

序号	检验项目	验收方法/工具	检查结果	完成时间
1	引脚高于焊点＜1mm(其余剪掉)	目测	□合格　□不合格	
2	已清洁PCB板,无污渍	目测	□合格　□不合格	
3	焊点平滑光亮,无毛刺	目测	□合格　□不合格	

2. 焊点导通性检测

1) 分析电路的各焊点的连接关系

—— 请参照图4-2-1原理图,分析图4-2-2所示装配图各焊点之间的连接关系。

2) 设置万用表

—— 确认红表笔插入"V/Ω"端,黑表笔接插入公共端,选用万用表的蜂鸣挡;

—— 红、黑表笔短接,万用表发出蜂鸣声,说明表工作正常。

3) 检测电源是否短接

—— 红表笔接电源正极(VCC),黑表笔接电源负极(GND);

—— 无声,表明电源无短接;有声,请排查电路是否短路。

4) 检查线路导通性

—— 红、黑表笔分别与敷铜线两端的引脚或端点连接,万用表发出蜂鸣声,电路连接良好;

—— 无声,请排查电路是否断路;有声,表明电路正常;

—— 重复上一步骤,检验各个敷铜线两端的引脚或端点连接性能。

已经执行以上步骤,经检测确认电路装接良好,可以进行电路调试。

装接员(OP) 签名＿＿＿＿＿＿＿＿＿＿＿＿

检验时间＿＿＿＿＿＿＿＿＿＿＿＿

任务三 时钟信号产生电路分析与调试

适用对应职业岗位　AE/AEF/PCB DE/PCB TE

（一）时钟信号产生电路分析

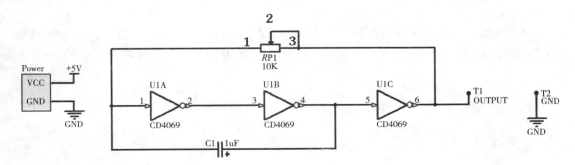

图4-3-1　时钟信号产生电路电路原理图

U1A,U1—元件电路编号　A—门A

请认真阅读时钟信号产生电路电路原理图,完成以下任务:

1.电路识读

1) CD4069是_____门,电路中非门A输入引脚号是_____,输出引脚号是_____,非门B输入引脚号是_____,输出引脚号是_____,非门C输入引脚号是_____,输出引脚号是_____。

2) 可调电阻RP1的1脚与非门A的_____引脚连接,可调电阻RP1的2脚和3脚_____(串/并)联,再与非门C的_____引脚连接。

3) 电解电容C1的正、负引脚分别与非门_____的输入引脚、非门_____的输出引脚连接。

2.工作过程分析

1) RP1C1充电

假设非门B输出端由低电平变成高电平,由于电容C1两端电压不能突变,所以非门C的输入端保持_____电平,其输出端保持_____电平,即非门A的输入端为高电平,非门B输入端_____电平,保证非门B输出端为高电平,随着非门B输出高电平给C1充电(C1电压右正,左负,充电速度与RP1大小成正比),非门A的输入端电压下降,当电压下降到非门关断电压时,非门A输出_____电平,则非门B输出低电平。

2) RP1C1放电

假设非门B输出端由高电平变成低电平,由于电容C1两端电压不能突变,所以非门C的输入端保持_____电平,其输出端保持_____电平,即非门A的输入端为低电平,非门B

输入端_____电平,保证非门B输出端为低电平,随着C1通过非门B输出端给放电(放电速度与RP1大小成正比),非门C的输入端电压下降,当电压下降到非门关断电压时,非门C输出_____电平,非门A输出_____电平,则非门B输出高电平。

3)频率调节

由以上分析可知,电路产生的方波信号频率由RP1、C1的充、放电时间决定,改变RP1的阻值大小,可以改变输出信号的频率。

现场应用工程师(FAE)签名_____

_____年_____月_____日_____时_____分

思考题：

集成电路有TTL和CMOS两种,它们都具有同样逻辑功能的芯片,如TTL的74LS04和CMOS的CD4069,为什么在便携式医疗设备中大量采用CMOS集成电路,而不是TTL集成电路?

(二)电路功能调试

1.整备电路

1)已按照《电路装接作业指导书》装配出如图4-3-2所示时钟信号产生电路装配实物,并且通过装接质量检测流程,确认装接质量合格。

图4-3-2　时钟信号产生电路装配实物图

2)按表4-3-1所示,把IC插入对应的IC插座,注意芯片方向。

表4-3-1　IC卡插槽对应表

PCB标号	IC型号
U1	CD4069

2. 调试方法

电路正常工作, 从小到大改变RP1的阻值, 每改变一次RP1的阻值, 就测量一次输出波形的频率、波形和幅度。

3. 调试过程

1) 电路通电

—— 启动直流稳压电源, 并设置为输出+5V电压;

—— +5V电源输出的红夹子接P1:+3V, 黑夹子接P1:GND;

—— 电源允许电压输出;

—— 选用数字万用表直流电压挡≥10V量程, 红表笔接"V/Ω"端, 黑表笔接公共端;

—— 红表笔接红夹子, 黑表笔接黑夹子测+5V电源输出电压为_____V;

—— 红表笔接U1:14(Vcc), 黑表笔接U1:7(GND), 芯片供电电压为_____V。

—— 芯片供电 合格 □ 不合格 □

判断标准: 与电源输出电压相等。

2) 观测输出波形

校正示波器

—— 启动示波器, 选择通道1, 设置耦合方式为交流, 探笔与通道1端子连接;

—— 示波器探针连接示波器的1kHz基准方波, 黑夹子接示波器基准信号的GND;

—— 按"Auto"键, 观察示波器显示波形。

—— 示波器工作 合格 □ 不合格 □

判断标准: 显示波形为方波, 频率为1kHz。

测量RP1=10Ω时, 电路输出波形

—— 电源不允许电压输出, 电路断电;

—— 选万用表电阻挡≥20k量程, 红表笔接"V/Ω"端, 黑表笔接表的公共端;

—— 红表笔接U1:1脚, 黑表笔接U1:6脚;

—— 调节电路中的RP1, 使其1脚与2脚之间的电阻为10Ω±10%;

—— RP1, 使其1脚与2脚之间的电阻调节为_____Ω;

—— 电源允许电压输出, 电路通电;

—— 选择通道1, 设置耦合方式为直流;

—— 示波器探针连接电路OUTPUT端子, 黑夹子接电路GND端子;

—— 按"Auto"键, 观察示波器显示波形;

—— 测量波形频率为_____Hz, V_{pp}为_____;

—— 在图4-3-3波形图中, 横轴单位_____/格和纵轴单位_____/格。

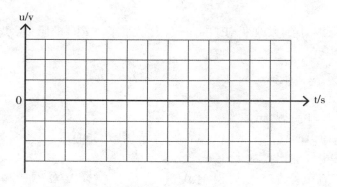

图4-3-3　波形图

测量$RP1=5\text{k}\Omega$时，电路输出波形

—— 电源不允许电压输出，电路断电；

—— 选万用表电阻挡 ≥ 20kΩ量程，红表笔接"V/Ω"端，黑表笔接表的公共端；

—— 红表笔接U1：1脚，黑表笔接U1：6脚；

—— 调节电路中的$RP1$，使其1脚与2脚之间的电阻为5kΩ ± 1%；

—— $RP1$，使其1脚与2脚之间的电阻调节为_____kΩ；

—— 电源允许电压输出，电路通电；

—— 示波器探针连接电路OUTPUT端子，黑夹子接电路GND端子；

—— 按Auto键，观察示波器显示波形；

—— 测量波形频率为_____Hz，V_{pp}为_____；

—— 在图4-3-4波形图中，横轴单位_____/格和纵轴单位_____/格。

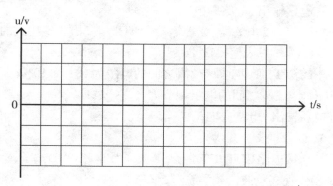

图4-3-4　波形图

测量$RP1=9\text{k}\Omega$时，电路输出波形

—— 电源不允许电压输出，电路断电；

—— 选万用表电阻挡 ≥ 20kΩ量程，红表笔接"V/Ω"端，黑表笔接表的公共端；

—— 红表笔接U1：1脚，黑表笔接U1：6脚；

—— 调节电路中的$RP1$，使其1脚与2脚之间的电阻为9kΩ ± 1%；

—— $RP1$，使其1脚与2脚之间的电阻调节为_____kΩ；

—— 电源允许电压输出，电路通电；

—— 示波器探针连接电路OUTPUT端子,黑夹子接电路GND端子;

—— 按Auto键,观察示波器显示波形;

—— 测量波形频率为_____Hz,V_{pp}为_____;

—— 在图4-3-5波形图中,横轴单位_____/格和纵轴单位_____/格。

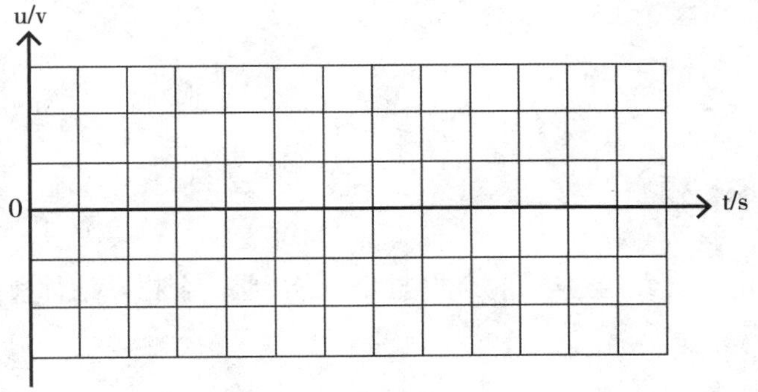

图4-3-5 波形图

4.调试结论

电路能够产生频率可调的方波信号,当电容固定不变,$RP1$电阻越大时,信号频率_____(越大/越小);电阻越小,信号频率_____(越大/越小)。

现场应用工程师(FAE)签名_____

_____年_____月_____日_____时_____分

任务四 输出频率极限值偏移典型故障检修

适用对应职业岗位 AE/FAE

（一）典型故障现象：频率偏移

时钟信号产生电路已经通过电路调试，验证性能、质量合格。请你参照图4-4-1原理图与实物电路，完成以下任务：

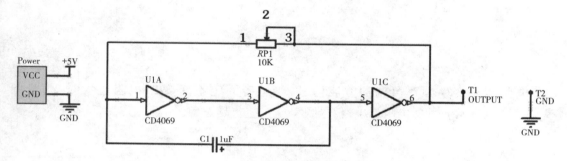

图4-4-1 时钟信号产生电路原理图

（二）电路正常工作，RP1为最大值，C1=1uF

1.设置RP1阻值

—— 电源不允许电压输出，电路断电；

—— 选万用表电阻挡≥20kΩ量程，红表笔接"V/Ω"端，黑表笔接表的公共端；

—— 红表笔接U1:1脚，黑表笔接U1:6脚；

—— 调节电路中的RP1，使其1脚与2脚之间的电阻最大为_____kΩ。

2.电路通电

—— 电源允许电压输出，电路通电。

3.测量波形

—— 示波器选择通道1，设置耦合方式为交流；

—— 示波器探针连接电路OUTPUT端子，黑夹子接电路GND端子；

—— 按Auto键，观察示波器显示波形；

—— 测量波形频率为_____Hz，V_{pp}为_____；

—— 在图4-4-2波形图中，横轴单位_____/格和纵轴单位_____/格；

—— 电源不允许电压输出，电路断电。

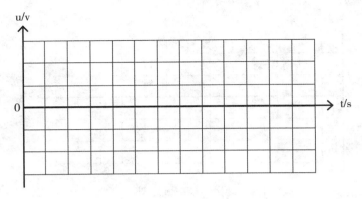

图 4-4-2　波形图

(三) 典型故障排除

　　模拟故障电路设置说明：在电路中,电解电容的实际容量随着使用时间增长慢慢下降,日积月累下,实际误差值会大于最大允许范围,最终导致电路性能下降。此类故障的特点是电路能工作,但达不到性能要求,具有隐蔽性,称为软性故障。

　　在时钟信号产生电路中将1uF的C1电解电容更换为0.1uF(104)的瓷片电容,来模拟电容容量下降,导致输出频率极限值偏移的典型故障。

1.故障现象观察

1) 更换C1电容

——电源不允许电压输出,电路断电;

——用烙铁拆下1uF的电解电容;

——装配好0.1uF瓷片电容,并焊接好;

——剪掉多余的引脚,清除污渍。

2) 设置 $RP1$ 阻值

——选万用表电阻挡 $\geqslant 20\mathrm{k}\Omega$ 量程,红表笔接"V/Ω"端,黑表笔接表的公共端;

——红表笔接U1:1脚,黑表笔接U1:6脚;

——调节电路中的 $RP1$,使其1脚与2脚之间的电阻最大,为＿＿＿＿＿ $\mathrm{k}\Omega$ 。

3) 测量波形

——电源允许电压输出,电路通电;

——示波器探针连接电路OUTPUT端子,黑夹子接电路GND端子;

——按Auto键,观察示波器显示波形;

——测量波形频率为＿＿＿＿＿Hz, V_{pp} 为＿＿＿＿＿;

——在图4-4-3波形图中,标注横轴单位/格和纵轴单位/格。

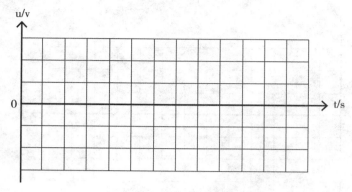

图 4-4-3　波形图

2.故障原因分析

1）正常现象分析电路情况

电路通电后,有方波输出,说明U1芯片功能正常。

2）故障现象分析电路情况

当RP1为最大值时,对比电路正常与故障的输出波形频率,发现故障时输出波形的频率_____(>,＝,<)正常时的输出波形频率,根据电路工作原理与原理图,可以做如下分析推断:

——RC充放电电路有故障;

——RP1可能有问题,电阻值可能变小;

——C1可能有问题,电阻值可能变小。

3.排查故障部位

1）排查对象

——通过以上故障原因分析,推断RP1、C1可能有问题。

2）排查方法

——元件参数测量。

3）排查过程

测量RP1最大值与最小值

——电源不允许电压输出,电路断电;

——选万用表电阻≥20kΩ量程,红表笔接"V/Ω"端,黑表笔接表的公共端;

——红表笔接U1:1脚,黑表笔接U1：6脚;

——调节电路中的RP1,使其1脚与2脚之间的电阻最大,为_____kΩ。

——RP1最大值　合格 □　不合格 □

判断标准:9kΩ≤RP1最大值≤11kΩ。

——调节电路中的RP1,使其1脚与2脚之间的电阻最小,为_____kΩ。

——RP1最大值　合格 □　不合格 □

判断标准:0Ω≤RP1最小值≤1kΩ。

分析:因RP1的最大值与最小值都合格,且可调,所以RP1正常。

测量C1容量值

—— 电源不允许电压输出，电路断电；

—— 用烙铁拆下瓷片电容；

—— 选万用表电容挡"mF"量程，红表笔接"╢╟"端，黑表笔接表的公共端；

—— 红表笔短接两个引脚(持续3~5秒)；

—— 红表笔接电容一个引脚(电解电容正极)，黑表笔接电容另一个引脚(电解电容负极)；

—— 测量所得容量值为＿＿＿＿uF。

分析： 因测量所得容量值远远小于0.8uF，超出最大允许误差范围，可以推断C1电容有问题。

4.排除故障

1) 更换合格电容

—— 电源不允许电压输出，电路断电；

—— 选择品质合格的1uF电解电容；

—— 装配好1uF电解电容，并焊接好；

—— 剪掉多余的引脚，清除污渍。

2) 调节RP1为最大电阻值

—— 选万用表电阻当≥20kΩ量程，红表笔接"V/Ω"端，黑表笔接表的公共端；

—— 红表笔接U1:1脚，黑表笔接U1:6脚；

—— 调节电路中的RP1，使其1脚与2脚之间的电阻最大，为＿＿＿＿kΩ；

—— 电源允许电压输出，电路通电。

3) 测量输出波形参数

—— 示波器探针连接电路OUTPUT端子，黑夹子接电路GND端子；

—— 按Auto键，观察示波器显示波形；

—— 测量波形频率为＿＿＿＿Hz，V_{pp}为＿＿＿＿；

—— 在图4-4-4波形图中，横轴单位＿＿＿＿/格和纵轴单位＿＿＿＿/格。

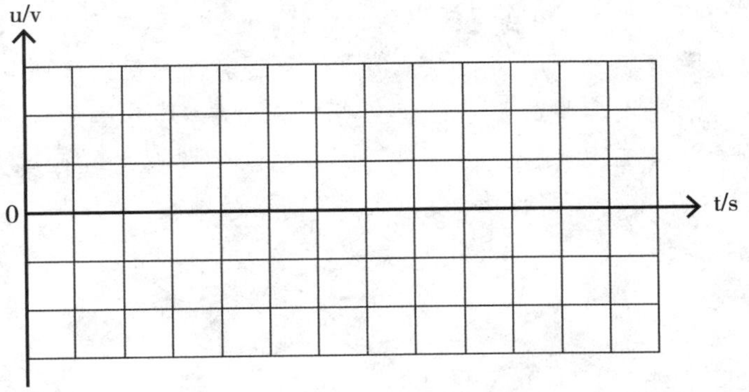

图4-4-4 波形图

—— 当RP1为最大值时，修复后输出波形、频率与电路正常工作时是一致的。

5.维修结论

—— 故障现象消失，故障已解决。

现场应用工程师(FAE)签名＿＿＿＿＿＿＿＿＿

＿＿＿＿年＿＿＿＿月＿＿＿＿日＿＿＿＿时＿＿＿＿分

项目五　数字显示病床呼叫器装调与检测

设计者：李昌锋[①]　朱承志[②]　杨东海[③]　郭　刚[④]

项目简介

　　在数字医疗设备中常采用集成组合逻辑芯片和常用元器件具有某种特定逻辑功能的应用电路。医疗设备维修工程师经常在现场维修医疗设备时要排查此类电路故障，要有严密的逻辑分析与推导能力和实事求是的科学精神，还需要以下技能：

　　(1)能根据测试数据和组合逻辑芯片的技术手册判断芯片功能是否正常；

　　(2)能根据元件相关参数检测，判断元器件是否损坏；

　　(3)能根据电路原理图、PCB版图测试电路参数；

　　(4)能高效、安全的更换电路元器件。

　　本次实训选用由编码器、七段译码、非门和七段数码管组成的医院住院部常用"数字显示病床呼叫器"组合逻辑模型为载体，通过编码器74LS148等元器件品质检查、数字显示病床呼叫器装接与质量检查、数字显示病床呼叫器电路分析与调试、病床号显示错误典型故障检修等任务训练引导，培养医学临床工程师静态调试电路功能、电路工作过程分析与典型故障排除的职业岗位行动力；树立系统性科学思维；培养"遵循客观规律，实事求是"的科学精神。

---

① 福建生物工程职业技术学院
② 湘潭医卫职业技术学院
③ 漳州卫生职业学院
④ 湘潭市中心医院

(一) 实训目的

1. 职业岗位行动力

(1) 能根据组合逻辑芯片的技术手册和测量参数判断芯片功能是否正常;

(2) 能根据电路原理图、PCB版图分析电路结构,测试电路参数;

(3) 能根据故障现象,参照电路原理图、PCB版图,分析故障原因;

(4) 能根据测量参数,判断故障部位,排除故障。

2. 职业综合素养

(1) 树立系统性科学思维;

(2) 培养"遵循客观规律,实事求是"的科学精神;

(3) 培养"遵章作业,精益求精"的工匠精神;

(4) 培养"分工协作,同心合力"的团队协作精神。

(二) 实训工具

表5-0-1　实训工具表

名称	数量	名称	数量	名称	数量
数字直流稳压电源	1	锡丝、松香	若干	斜口钳	1
电路装接套件	1	防静电手环	1	调温烙铁台	1
数字万用表	1	镊子	1		

(三) 实训物料

表5-0-2　实训物料表

物料名称	型号	封装	数量	备注
贴片电阻	10k	0805C	8	
贴片电容	100nF	0805C	1	
16P方孔IC插座	双列直插	DIP16	2	
14P方孔IC插座	双列直插	DIP14	1	
共阴数码管	0.56寸	2.46×4/15.24	1	
排阻8P	(A202J)2k×8	SIP8	1	
轻触按键	微型自动复位	KEY_X4P	8	
2P路线	Header_2	SIP2	3	带跳线帽

(续表)

物料名称	型号	封装	数量	备注
编码器	74LS148	DIP16	1	
非门	74LS04	DIP14	1	
七段译码器	74LS48	DIP16	1	
电源插座	公插座	SIP2	1	
贴片电阻	10k	0805C	8	

(四) 参考资料

(1)《74LS148技术手册》;

(2)《74LS04技术手册》;

(3)《74LS48技术手册》;

(4)《数字万用表使用手册》;

(5)《可编程数字电源使用手册》;

(6)《IPC-A-610E电子组件的可接受性要求》。

(五) 防护与注意事项

(1) 佩戴防静电手环或防静电手套,做好静电防护;

(2) 爱护仪器仪表,轻拿轻放,用完还原归位;

(3) 有源设备通电前要检查电源线是否破损,防止触电或漏电;

(4) 使用烙铁时,严禁甩烙铁,防止锡珠飞溅伤人,建议作业人员佩戴防护镜;

(5) 焊接时,实训场地要通风良好,建议作业人员佩戴口罩;

(6) 实训操作时,不得带电插拔元器件,防止尖峰脉冲损坏器件;

(7) 实训时,着装统一,轻言轻语,有序行动;

(8) 实训现场执行6S管理。

(六) 实训任务

任务一　元器件品质检查

任务二　数字显示病床呼叫电路装接与质量检查

任务三　数字显示病床呼叫电路分析与调试

任务四　病床号显示错误典型故障检修

任务一 元器件品质检查

对应职业岗位 IQC/IPQC/AE

(一) 微型非自锁按钮开关品质检查

1.直插封装与引脚

按钮弹起：
A1 与 A2 导通
B1 与 B2 导通
Ax 与 Bx 断开（x：1 或 2）

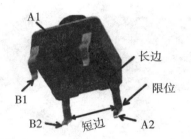

A1
长边
B1
限位
B2 短边 A2

按钮按下：
A1 与 A2 导通
B1 与 B2 导通
Ax 与 Bx 导通（x：1 或 2）

图 5-1-1 微型非自锁按钮开关引脚图

2.外观检验

表 5-1-1 外观检验项目表

序号	检验项目	验收方法/工具	检查结果	完成时间
1	型号、品牌标记清晰可见	目测	□合格 □不合格	
2	封装无破损、无裂缝	目测	□合格 □不合格	
3	引脚规整，标识清晰可见	目测	□合格 □不合格	
4	按钮按压灵活，可自恢复	手工	□合格 □不合格	

3.检验开关通断性

采用数字万用表二极管挡，测试A与B之间的开关导通性。

1) 设置万用表

—— 选用数字万用表蜂鸣挡，红表笔插入二极管端，黑表笔插入公共端；

—— 红、黑表笔短接，万用表发出蜂鸣声，说明表工作正常。

2) 按钮弹起通断性检查

—— 黑表笔接A1引脚，红表笔接A2引脚。

—— 万用表蜂鸣声　有□　无□

—— A1引脚与A2引脚导通　合格 □　不合格 □

判断标准: A1 与 A2 导通。

—— 黑表笔接B1引脚,红表笔接B2引脚。

—— 万用表蜂鸣声　有 □　无 □

—— B1引脚与B2引脚导通　合格 □　不合格 □

判断标准: B1 与 B2 导通。

—— 黑表笔接Ax任一引脚,红表笔接Bx任一引脚。

—— 万用表蜂鸣声　有 □　无 □

—— Ax引脚与Bx引脚断开　合格 □　不合格 □

判断标准: Ax 与 Bx 不通。

3) 按钮按下通断性检查

—— 黑表笔接A1引脚,红表笔接A2引脚。

—— 万用表蜂鸣声　有 □　无 □

—— A1引脚与A2引脚导通　合格 □　不合格 □

判断标准: A1 与 A2 导通。

—— 黑表笔接B1引脚,红表笔接B2引脚。

—— 万用表蜂鸣声　有 □　无 □

—— B1引脚与B2引脚导通　合格 □　不合格 □

判断标准: B1 与 B2 导通。

—— 黑表笔接Ax任一引脚,红表笔接Bx任一引脚。

—— 万用表蜂鸣声　有 □　无 □

—— Ax引脚与Bx引脚断开　合格 □　不合格 □

判断标准: Ax 与 Bx 断开。

4) 检验结果

—— 微型非自锁按钮开关通断性　合格 □　不合格 □

检验员(IQC)签名＿＿＿＿＿＿＿＿＿＿

检验时间＿＿＿＿＿＿＿＿＿＿

(二) 直插共阴数码管品质检查

1. 直插封装与引脚

图5-1-2　直插封装与引脚(俯视)

2.外观检验

表5-1-2 外观检验项目表

序号	检验项目	验收方法/工具	检查结果	完成时间
1	型号、标称值标记清晰可见	目测	□ 合格 □ 不合格	
2	封装无破损、无裂缝	目测	□ 合格 □ 不合格	
3	引脚规整,标识清晰可见	目测	□ 合格 □ 不合格	

3.检查码段受控发光

采用数字万用表二极管挡,逐个点亮a、b、c、d、e、f、g、dp码段。

1) 设置万用表

—— 选用数字万用表二极管,红表笔插入二极管端,黑表笔插入公共端,红、黑表笔短接,表发出蜂鸣声,说明表工作正常。

2)检查码段发光二极管可控

—— 黑表笔接发光二极管脚,红表笔接a脚,a对应的码段发光二极管_____(亮/灭);

—— a码段发光二极管受a脚控制;

判断标准: 红表笔能够通过接触引脚点亮对应码段。

—— 红表笔分别接b、c、d、e、f、g、dp脚,重复上一步操作,检查对应LED是否受控发光。

表5-1-3 码段受控发光记录表

引脚	a	b	c	d	e	f	g	dp
发光二极管发光可控								

3) 检验结果

——数码管发光二极管发光可控性　合格 □　不合格 □

判断标准: 所有码段能通过对应引脚点亮。

检验员(IQC)签名_____

检验时间_____

(三) 2k×8直插排阻品质检查

1.排阻引脚封装图

公共端

图5-1-3 2K×8直插排阻引脚封装图

2.外观检验

表5-1-4　外观检验项目表

序号	检验项目	验收方法/工具	检查结果	完成时间
1	标称值清晰可见	目测	□ 合格　□ 不合格	
2	封装无破损、无裂缝	目测	□ 合格　□ 不合格	
3	引脚规整,无断裂、无氧化	目测	□ 合格　□ 不合格	

3.检验电阻阻值与误差

采用数字万用表欧姆挡,逐个测量电阻值与计算误差。

1) 读排阻电阻的标称值

排阻电阻标称值为＿＿＿＿＿＿,允许误差为＿＿＿＿＿＿。

注：三位数标法,前两个数为有效数字,第三位是数量级,如 $202=20×10^2=2k\Omega$;

字母表示误差 D—±0.5%; F—±1%; G—±2%; J—±5%; K—±10%; M—±20%。

2) 设置万用表

—— 选用数字万用表欧姆挡≥20kΩ量程,红表笔插入"Ω"端,黑表笔插入公共端,红、黑表笔短接,表显0Ω。

3) 测各引脚阻值

—— 红表笔接1脚(公共端),黑表笔接2脚,读表显R12阻值,结果填表;

—— 误差=[(测量值-标称值)/标称值]×100%,结果填表;

—— 重复上一步方法,分别测量 $R13$、$R14$、$R15$、$R16$、$R17$、$R18$。

表5-1-5　排阻电阻测量值与误差

电阻	$R12$	$R13$	$R14$	$R15$	$R16$	$R17$	$R18$
测量值(Ω)							
误差							

4) 检查结果

—— 测量值与误差　合格 □　不合格 □

判断标准：实际误差≤标称误差。

检验员(IQC)签名＿＿＿＿＿＿＿＿＿＿

检验时间＿＿＿＿＿＿＿＿＿＿

(四) 无极性贴片电容100nF品质检查

1. 无极性贴片电容外形与引脚

图5-1-4　无极性贴片电容外形与引脚

2. 外观检验

表5-1-6　外观检验项目表

序号	检验项目	验收方法/工具	检查结果	完成时间
1	封装无破损、无鼓包	目测	□合格　□不合格	
2	电极镀锡规整，无脱落	目测	□合格　□不合格	

3. 检查电容容量值与耐压值

采用数字万用表"┤├"电容挡测量容量值，检验容量值是否合格。

1) 读标称值

CL21C104KCFnnnC（104—容量值，K—精度，C—耐压值）

—— 带盘上标注_____nF，最大耐压值_____V；

注： 容量值＞10pF前两个数标识有效数，第三位数标识数量级，如106=10×10^6pF；

容量值＜10pF字母R表示小数点，如3R3=3.3pF；

耐压值 R—4V，Q—6.3V，P—10V，Q—16V，A—25V，L—36V，B—50V，C—100V，
D—200V，E—250V，G—500V，h—630V，I—1000V，J—2000V，K—3000V。

—— 精度：±5%。

注： 以pF为单位 A—±1.5pF，B—±0.1pF，C—±0.25pF，D—±0.5pF；

以百分比为单位 J—±5%，K—±10%，M—±20%，Z—+80%−20%。

2) 检验实际误差

—— 数字万用表选择"mF"挡，红表笔插入"┤├"电容端，黑表笔插入公共端；

—— 红表笔接一个电极，黑表笔接另一个电极；

—— 读容量测量值_____nF；

—— 实际误差=［(测量值−标称值)/标称值］×100%=(_____/_____)×100%=_____。

3) 检验结果

—— 无极性贴片电容容量值　　合格 □　　不合格 □

判断标准： 实际误差＜标称误差。

检验员(IQC)签名_____

检验时间_____

(五) 1002(103)贴片电阻品质检查

1. 贴片电阻封装与结构

标称值（正面）　　　　电阻体

电极　　　　电极

图5-1-5　贴片电阻封装与结构

2. 外观检验

表5-1-7　外观检验项目表

序号	检验项目	验收方法/工具	检查结果	完成时间
1	标称值清晰可见	目测	□ 合格　□ 不合格	
2	封装无破损、无裂缝	目测	□ 合格　□ 不合格	
3	电极镀锡规整，无脱落	目测	□ 合格　□ 不合格	

3. 检验电阻阻值与误差

采用数字万用表欧姆挡测量阻值，计算测量值与标称值的误差。

1) 读贴片电阻的标称值

贴片电阻标称值为＿＿＿＿＿＿，允许误差为＿＿＿＿＿＿。

注: 四位数标法，前三个数为有效数字，第四位是数量级，如 $1002=100×10^2=10k\Omega$；

贴片电阻采用四位数标法，精度为1%。

2) 设置万用表

—— 选用数字万用表欧姆挡≥20kΩ量程，红表笔插入 "Ω" 端，黑表笔插入公共端，红、黑表笔短接，表显0Ω；

—— 红表笔接一个电极，黑表笔接另一个电极，读表显阻值；

—— 电阻测量值＿＿＿＿＿＿；

—— 实际误差＝[(测量值–标称值)/标称值] × 100%＝＿＿＿＿＿＿。

3) 检验结果

—— 电阻阻值与误差　合格 □　不合格 □

判断标准: 实际误差≤允许误差。

检验员(IQC)签名＿＿＿＿＿＿＿＿＿＿

检验时间＿＿＿＿＿＿＿＿＿＿

(六) 直插74LS148品质检查

1.《74LS148技术手册》(摘要)

74LS148是8线-3线优先编码器,即优先选择8条输入数据线(0~7)中最高有效位数据线译码成3位二进制编码。输入数据线和输出数据线都是低电平有效。

1) DIP16封装与引脚

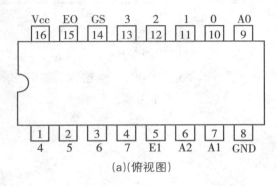

0~7	8条数据输入数,低电平有效
EI	输入使能端,低电平有效
A2~A0	3位二进制码输出,低电平有效
EO	输出使能端,低电平有效
GS	级联片选优先端,低电平有效

(a)(俯视图)　　　　　　　　(b)引脚功能

图5-1-6　DIP16封装引脚图

2) 逻辑真值表

表5-1-8　逻辑真值表

输入									输出				
EI	7	6	5	4	3	2	1	0	A2	A1	A0	GS	EO
H	X	X	X	X	X	X	X	X	H	H	H	H	H
L	H	H	H	H	H	H	H	H	H	H	H	H	L
L	L	X	X	X	X	X	X	X	L	L	L	L	H
L	H	L	X	X	X	X	X	X	L	L	H	L	H
L	H	H	L	X	X	X	X	X	L	H	L	L	H
L	H	H	H	L	X	X	X	X	L	H	H	L	H
L	H	H	H	H	L	X	X	X	H	L	L	L	H
L	H	H	H	H	H	L	X	X	H	L	H	L	H
L	H	H	H	H	H	H	L	X	H	H	L	L	H
L	H	H	H	H	H	H	H	L	H	H	H	L	H

H—高电平　L—低电平

2. 外观检验

表5-1-9　外观检验项目表

序号	检验项目	验收方法/工具	检查结果	完成时间
1	型号、品牌标记清晰可见	目测	□ 合格　□ 不合格	
2	封装完整无破损	目测	□ 合格　□ 不合格	
3	引脚规整无缺，1号脚标注清晰	目测	□ 合格　□ 不合格	

3. 74LS148功能检验

采用测试平台，搭建74LS148逻辑功能检查电路，通电验证逻辑功能。

按照74LS148输入输出电平关系表设置输入电平，测试输出电平，观察输入、输出结果是否与《74LS148技术手册》提供真值表一致，如果一致，芯片工作正常。

1）74LS148逻辑功能检查电路原理图

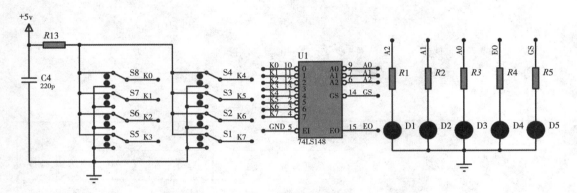

图5-1-7　74LS148逻辑功能检查电路原理图

2）连接逻辑功能验证电路

在实训板"逻辑芯片品质检查"，按照图5-1-8所示，用跳线连接相同标号的端子，接好74LS148逻辑功能验证电路，确认电路连接良好。

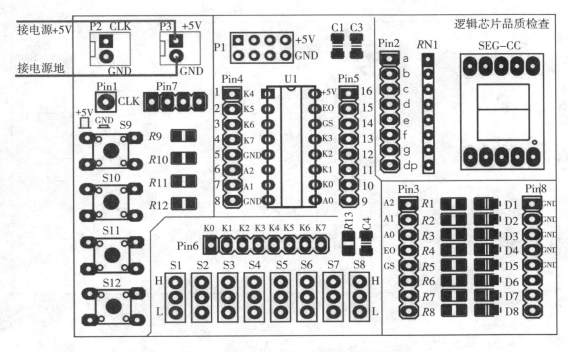

图5-1-8　74LS148逻辑功能检查电路接线图

3）确认芯片通电正常

—— 电路接通DC+5V，确认红表笔插入表的电压端，黑表笔插入表的公共端，选用万用表直流电压挡≥10V量程；

—— 黑表笔接地，红表笔接测试引脚，如果测U1：16电压约为_____V，测U1：8电压为_____V。

—— 芯片供电　正常□　不正常□

判断标准：U1：16与U1：8之间的电压约为5V。

4）验证编码功能

注：输入信号— 1/H，0/L，x/H或L；输出信号— 1/亮，0/灭。

—— 确认U1：5脚接GND，即EI=0，允许输入；

—— 如表5-1-10　74LS148电平逻辑关系表的序号0行的值，按K7~K0值设置S8~S1的输入电平；

—— 观察D1~D5输出显示，结果填入0行对应项；

—— 按1~7序号顺序重复以上步骤，结果填入1~7行对应项。

5）验证"EI（Enable Input）"输入使能功能

—— 设置U1：5脚接+5V；

—— 如表"74LS148"电平逻辑关系表的序号9行的值设置K7~K0为任意值，观察观察D1~D5输出，并记录结果。

表5-1-10　74LS148电平逻辑关系

序号	输入变量									输出变量				
	EI	K7	K6	K5	K4	K3	K2	K1	K0	GS	A2	A1	A0	EO
0	0	1	1	1	1	1	1	1	1					
1	0	0	X	X	X	X	X	X	X					
2	0	1	0	X	X	X	X	X	X					
3	0	1	1	0	X	X	X	X	X					
4	0	1	1	1	0	X	X	X	X					
5	0	1	1	1	1	0	X	X	X					
6	0	1	1	1	1	1	0	X	X					
7	0	1	1	1	1	1	1	0	X					
8	0	1	1	1	1	1	1	1	0					
9	1	X	X	X	X	X	X	X	X					

6）检验结果

——74LS148的EI功能　　正常 □　　不正常 □

——74LS148的编码功能　　正常 □　　不正常 □

判断标准：与技术手册提供真值表对比，如一致，工作正常。

检验员（IQC）签名＿＿＿＿＿＿＿＿＿＿＿＿＿＿＿

检验时间＿＿＿＿＿＿＿＿＿＿＿＿＿＿＿

（七）直插74LS48品质检查

1.《74LS48技术手册》（摘要）

74LS48是七段显示译码器，即将输入的4位BCD码转换为7位显示码，驱动七段数码管显示数字。

1）DIP16封装与引脚

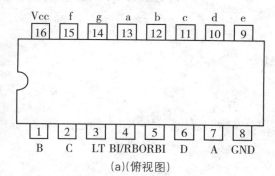

D~A	4位BCD码输入端，高电平有效
g~a	7位显示码输出端，高电平有效
LT'	亮灯测试输入端，低电平有效
RBI'	级联灭零输入端，低电平有效
BI'/RBO'	复用，灭灯输入端 / 级联灭零输输出端，低电平有效

(a)(俯视图)　　　　　(b)引脚功能

图5-1-9　DIP16封装引脚图

2) 逻辑真值表

表5-1-11　逻辑真值表

十进制数/功能	输入							输出							注
	LT'	RBI'	D	C	B	A	BI'/RBO'	a	b	c	d	e	f	g	
0	H	H	L	L	L	L	L	H	H	H	H	H	H	L	1
1	H	X	L	L	L	H	H	L	H	H	L	L	L	L	1
2	H	X	L	L	H	L	H	H	H	L	H	H	L	H	
3	H	X	L	L	H	H	H	H	H	H	H	L	L	H	
4	H	X	L	H	L	L	H	L	H	H	L	L	H	H	
5	H	X	L	H	L	H	H	H	L	H	H	L	H	H	
6	H	X	L	H	H	L	H	L	L	H	H	H	H	H	
7	H	X	L	H	H	H	H	H	H	H	L	L	L	L	
8	H	X	H	L	L	L	H	H	H	H	H	H	H	H	
9	H	X	H	L	L	H	H	H	H	H	L	L	H	H	
10	H	X	H	L	H	L	H	L	L	L	H	H	L	H	
11	H	X	H	L	H	H	H	L	L	H	H	L	L	H	
12	H	X	H	H	L	L	H	L	H	L	L	L	H	H	
13	H	X	H	H	L	H	H	H	L	L	H	L	H	H	
14	H	X	H	H	H	L	H	L	L	L	H	H	H	H	
15	H	X	H	H	H	H	H	L	L	L	L	L	L	L	
灭灯	X	X	X	X	X	X	L	L	L	L	L	L	L	L	2
级联灭零	H	L	L	L	L	L	L	L	L	L	L	L	L	L	3
亮灯测试	L	X	X	X	X	X	H	H	H	H	H	H	H	H	4

（1）BI'/RBO' 复用，灭灯输入或级联灭零输出。用作灭灯输入时，要正常译码，须悬空或接高电平；用作级联灭零输出时，只有悬空或接高电平，才能在输入十进制数0，输出灭零信号。

（2）当 BI' 接低电平时，不管输入什么 BCD 码，所有显示码为低电平。

（3）当 RBI' 和 ABCD 都接低电平，并且 LT' 接高电平，显示码 a~f 都输出低电平，RBO' 输出低电平。

（4）当 BI'/RBO' 悬空或接高电平，并且 LT' 接低电平，显示码 a~f 都输出高电平。

2. 外观检验

表5-1-12　外观检验项目表

序号	检验项目	验收方法/工具	检查结果	完成时间
1	型号、品牌标记清晰可见	目测	□合格　□不合格	
2	封装完整无破损	目测	□合格　□不合格	
3	引脚规整无缺，1号脚标注清晰	目测	□合格　□不合格	

3. 74LS48功能检验

采用测试平台，搭建74LS48测试电路，通电测试逻辑功能。

按照74LS48电平关系表设置输入电平，测试输出电平，观察输出结果是否与《74LS48技术手册》提供的逻辑真值表一致，如果一致，芯片工作正常。

1）74LS48逻辑功能检查电路原理图

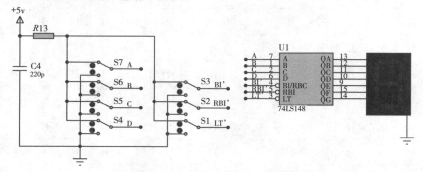

图5-1-10　74LS48逻辑功能检查电路原理图

2）连接逻辑功能验证电路

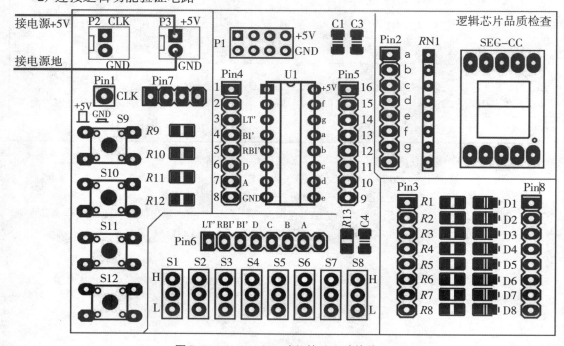

图5-1-11　74LS48功能检验电路接线图

在实训板"逻辑芯片品质检查",按照图5-1-11所示,用跳线连接相同标号的端子,接好74LS48逻辑功能验证电路,确认电路连接良好。

3) 确认芯片通电正常

—— 电路接通DC+5V,确认红表笔插在万用表的电压端,黑表笔插在万用表的公共端,选用万用表直流电压挡≥10V量程;

——黑表笔接地,红表笔接测试引脚,如果测U1:16电压约为_____V,测U1:8电压为_____V。

——芯片供电　正常 □　不正常 □

判断标准: U1:16与U1:8之间的电压约为5V。

4) 检验"LT'(Light Test)"亮灯测试功能

注: 输入信号— 1/H,0/L,x/H或L;输出信号— 1/亮,0/灭。

—— 设置S1S2S3=011,S4~S7=xxxx;

—— 观察到数码管_____(全亮/全灭),即a、b、c、d、e、f、g=_____;

—— 任意改变S4~S7的值,观察到数码管显示_____(变/不变)。

——LT' 接低电平时,亮灯测试功能　正常 □　不正常 □

判断标准: 数码管所有码段都亮,与输入的BCD码无关。

5) 检验"BI'(Blanking Input)"控制灭灯测试功能

—— 设置S1S2S3=xx0,S4~S7=xxxx;

—— 观察到数码管_____(全亮/全灭),即a、b、c、d、e、f、g=_____;

—— 任意改变S4~S7的值,观察到数码管显示_____(变/不变)。

—— BI' 接低电平时,灭灯测试功能　正常 □　不正常 □

判断标准: 数码管所有码段都灭,与输入的BCD码无关。

6) 检验级联灭零输入"RBI'"与级联灭零输出"RBO'"功能

—— 断开U1:4与S3的连接,即BI'/RBO'引脚悬空;

—— 设置S1S2=10,S4~S7=0000,有灭零信号输入,当前值为"0";

—— 观察到数码管_____(全亮/全灭),即a、b、c、d、e、f、g=_____;

—— 用万用表直流电压挡≥10V量程,测U1:4电压约为_____V,即RBO'=_____;

—— 设置S4~S7为"0000"之外的任意值,如S7~S4=1001;

—— 观察到数码管显示_____符号;

—— 用万用表直流电压挡量程≥10V,测U1:4电压为_____V,即RBO'=_____。

—— 灭零功能　正常 □　不正常 □

判断标准: RBI'接低电平,当输入值为"0",数码管所有码段都灭;不为"0"时显示对应符号。

7) 检验BCD译码功能

—— 设置S1S2S3=111;

—— 如表5-1-13 74LS48电平逻辑关系表的序号0行S4~S7的值,设置S4~S7的电平,观察数码管输出显示,结果填入0行对应的"数码管显示符"项;

—— 按1~15序号顺序重复以上步骤,结果填入1~15行对应项。

表5-1-13　74LS48电平逻辑关系表

序号	二进制编码				十进制数	数码管显示符
	S4(D)	S5(C)	S6(B)	S7(A)		
0	0	0	0	0	0	
1	0	0	0	1	1	
2	0	0	1	0	2	
3	0	0	1	1	3	
4	0	1	0	0	4	
5	0	1	0	1	5	
6	0	1	1	0	6	
7	0	1	1	1	7	
8	1	0	0	0	8	
9	1	0	0	0	9	
10	1	0	0	1	10	
11	1	0	1	1	11	
12	1	1	0	0	12	
13	1	1	0	1	13	
14	1	1	1	0	14	
15	1	1	1	1	15	

S4(D), S4—SPDT开关PCB标号, D—S4设置的BCD码

——译码功能　正常 □　不正常 □

判断标准: BCD码(二进制表示十进制)转换后显示符号与图5-1-12一致。

图5-1-12　BCD码转换图

8) 检验结果

—— 74LS48的控制/测试功能　正常 □　不正常 □

—— 74LS48的七段译码功能　正常 □　不正常 □

检验员(IQC)签名＿＿＿＿＿＿＿＿

检验时间＿＿＿＿＿＿＿＿

<h1>任务二 数字显示病床呼叫器电路装接与质量检查</h1>

对应职业岗位 **OP/IPQC/FAE**

(一) 电路原理图

直插封装与引脚

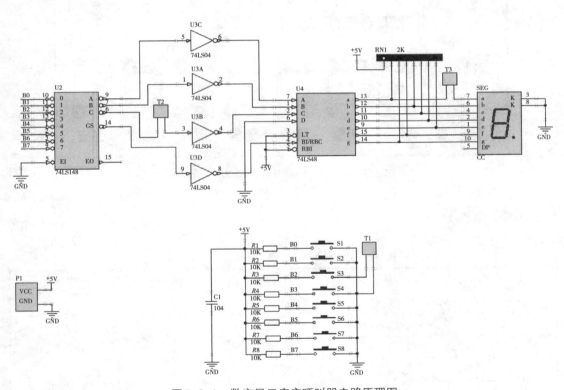

图 5-2-1 数字显示病床呼叫器电路原理图

(二) 电路装配图

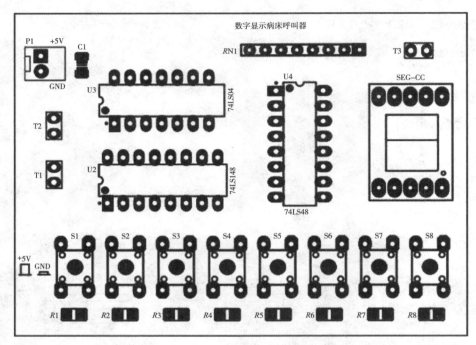

图5-2-2　数字显示病床呼叫器电路装配图

(三) 物料单(BOM)

表5-2-1　物料单表

物料名称	型号	封装	数量	备注
贴片电阻	10k	0805C	8	
贴片电容	100nF	0805C	1	
16P方孔IC插座	双列直插	DIP16	2	
14P方孔IC插座	双列直插	DIP14	1	
共阴数码管	0.56寸	2.46×4/15.24	1	
排阻8P	(A202J)2k×8	SIP8	1	
轻触按键	微型自动复位	KEY_X4P	8	
2P跳线	Header_2	SIP2	3	带跳线帽
编码器	74LS148	DIP16	1	
非门	74LS04	DIP14	1	
七段译码器	74LS48	DIP16	1	
电源插座	公插座	SIP2	1	

(四) 电路装接流程

1. 准备工作台
—— 清理作业台面,不准存放与作业无关东西;
—— 焊台与常用工具置于工具区(执烙铁手边),设置好焊接温度;
—— 待焊接元件置于备料区(非执烙铁手边);
—— PCB板置于施工者正对面作业区。

2. 按作业指导书装接
—— 烙铁台通电;
—— 将元件按"附件5:数字显示病床呼叫器电路装接作业指导书"整形好;
—— 执行"附件5:数字显示病床呼叫器电路装接作业指导书"装配电路。

3. PCB清理
—— 关闭烙铁台电源,放好烙铁手柄;
—— 电路装配完成,用洗板水清洗PCB,去掉污渍、助焊剂残渣和锡珠;
—— 清洗并晾干的成品电路摆放在成品区。

4. 作业现场6S
—— 清理工具,按区摆放整齐;
—— 清理工作台面,把多余元件上交;
—— 清扫工作台面,垃圾归入指定垃圾箱;
—— 擦拭清洁工作台面,清除污渍。

装接员(OP)签名＿＿＿＿＿＿＿＿＿＿

装配时间＿＿＿＿＿＿＿＿＿＿

(五) 检测装接质量

采用数字万用表的蜂鸣挡来检测导线连接的两个引脚或端点是否连通。

1. 外观检验

表5-2-2 外观检验项目表

序号	检验项目	验收方法/工具	检查结果	完成时间
1	引脚高于焊点＜1mm(其余剪掉)	目测	□ 合格 □ 不合格	
2	已清洁PCB板,无污渍	目测	□ 合格 □ 不合格	
3	焊点平滑光亮,无毛刺	目测	□ 合格 □ 不合格	

2. 焊点导通性检测
1) 分析电路的各焊点的连接关系

—— 请参照图 5-2-1 原理图，分析图 5-2-2 所示装配图各焊点之间的连接关系。

2）设置万用表

—— 确认红表笔插入"V/Ω"端，黑表笔接插入公共端，选用万用表的蜂鸣挡；

—— 红、黑表笔短接，万用表发出蜂鸣声，说明表工作正常。

3）检测电源是否短接

—— 红表笔接电源正极(VCC)，黑表笔接电源负极(GND)；

—— 无声，表明电源无短接；有声，请排查电路是否短路。

4）检查线路导通性

—— 红、黑表笔分别与敷铜线两端的引脚或端点连接，万用表发出蜂鸣声，电路连接良好；

—— 无声，请排查电路是否断路；有声，表明电路正常；

—— 重复上一步骤，检验各个敷铜线两端的引脚或端点连接性能。

已经执行以上步骤，经检测确认电路装接良好，可以进行电路调试。

装接员(OP)签名_____

检验时间_____

附件5:

数字显示病床呼叫器电路装接作业指导书

产品名称:数字显示病床呼叫器

产品型号:SDSX-05-04

文件编号:SDSX-05　　版本:4.0

发行日期:2022年5月11日　　第1页,共3页

作业名称:贴片手工贴装	工序号:1				
工具:调温烙铁台、镊子、焊锡、防静电手环	序	物料名称	规格/型号	PCB标号	数量	备注
设备:放大镜	1	贴片电容	10nF/0805C	C1	1	
	2	贴片电阻	10k/0805	R1~R8	8	103/1002

作业要求:

1. 对照物料表核对元器件型号,封装是否一致;
2. 启动恒温烙铁台,烙铁温度385℃;
3. 贴装C1、100nF贴片电容,图例中1示,检验容量值,居中对齐;
4. 贴装R1~R8、10k贴片电阻,图例中1、2示,居中对齐;
5. 检查焊点,质量要至少达到可接受标准(见可接受标准图例);
6. 装接完成要清洁焊点。

注意事项:

端子侧面有润湿填充;
最大填充高度可到端子顶部

末端最大偏移、端子在焊盘内
侧面最大偏移、小于焊盘一半

图例:

1. 容量值100nF,居中对齐
2. 字面朝上,居中对齐

1002

产品名称：数字显示病床呼叫器
产品型号：SDSX-05-04

文件编号：SDSX-05
版本：4.0
发行日期：2022年5月11日
第2页，共3页

作业名称：插件1，IC插座、排阻、数码	工序号：2

工具：防静电环、调温烙铁台、斜口钳、焊锡
设备：镊子、十字螺丝刀

序号	物料名称	规格/型号	PCB标号	数量	备注
1	14P方孔IC插座	直插/DIP14	U3	1	
2	16P方孔IC插座	直插/DIP16	U2	1	
3	16P方孔IC插座	直插/DIP16	U3	1	
4	8P排阻	A202J/SIP8	Rn1	1	
5	共阴数码管	直插/0.56寸	SEG-CC	1	

作业要求：
1. 对照物料表核对元器件型号、封装是否一致；
2. 贴板插装U3，DIP14插座，图例中1示，缺口对齐；
3. 贴板插装U2、U4，DIP16插座，图例中1示，缺口对齐；
4. 贴板插装RW1，2k/8P，图例中2示，1脚对齐；
5. 贴板插装SEG-CC，共阴数码管，图例中3示，小数点对齐；
6. 检查焊点，质量要求至少达到可接受标准(见可接受图例)。

注意事项

锥状，引线可辨
引线高出爆料＜1mm
1脚标注
小数点

图例

1. 缺口对齐，支撑倚贴板面
2. 底紧贴板面，1脚对齐
3. 小数点对齐

产品名称：数字显示病床呼叫器
产品型号：SDSX-05-04

文件编号：SDSX-05
版本：4.0
第3页，共3页
发行日期：2022年5月11日

作业名称：插件2，电源插座，2P跳线、轻触开关　　工序号：3

工具：防静电环、调温烙铁台、斜口钳、焊锡
设备：镊子、十字螺丝刀

	物料名称	规格/型号	PCB标号	数量	备注
1	电源插座	公插座/SIP2	+5V/GND	1	
2	2P跳线	Header_2/SIP2	T1~T3	3	
3	轻触按键	微型/KEY_X4P	S1~S8	8	

作业要求

1. 对照物料表核对元器件型号，封装是否一致；
2. 贴板插装P1，电源插座，图例中1示，定位边对齐；
3. 贴板插装T1~T3, Header_2, 图例中2示，长脚朝上；
4. 限位插装S9~S12，轻触开关，图例中3示，短边对齐；
5. 检查焊点，质量要求至少达到可接受标准（见可接受标准图例）。

注意事项

限位
短边
定位边标记

锥状，引线可辨
引线高出爆料＜1mm

图例

1. 定位边对齐，底紧贴板面
2. 焊接短脚，长脚保留
长脚
3. 短边对齐，深到到限位

6. 数字显示病床呼叫器

任务三　数字显示病床呼叫器电路分析与调试

适用对应职业岗位　AE/FAE/PCB DE/PCB TE

（一）电路分析

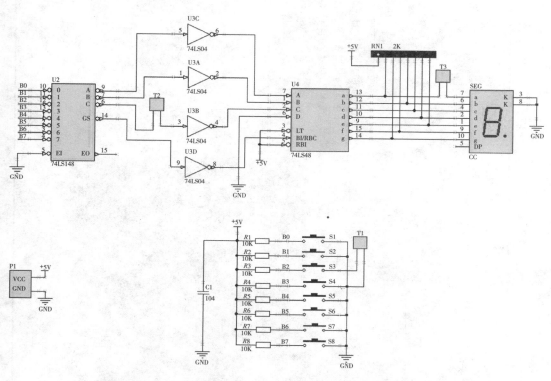

图 5-3-1　数字显示病床呼叫器原理图

请认真阅读图5-3-1数字显示病床呼叫器原理图,完成以下任务:

1.芯片与引脚识读

1）74LS148是优先编码器,十进制数输入引脚0~7是_____电平有效,二进制码输出引脚CBA是_____电平有效;引脚EI'功能是允许_____,_____电平有效;输出信号GS取反后,控制U4:_____引脚(BI'灭灯),U2无输入,数码管无显示。

2）74LS04是_____门,如果输入是高电平,其输出为电平;如果输入是低电平,其输出为_____电平。

3）74LS48是七段译码器,把DCBA输入引脚的_____码转换成驱动数码管的七段码;

其中输入引脚DCBA是_____电平有效;输出引脚a、b、c、d、e、f、g是_____电平有效;控制引脚LT'是_____电平有效,其有效时输出引脚a、b、c、d、e、f、g全部是低电平。

2.Rn1功能分析

排阻$Rn1$的作用是_____(上拉/下拉)电阻,74LS48输出高电平时,电源通过排阻为数码管提供电流,提高74LS48带负载的能力。

3.按键动作特性分析

按键Sx弹起时,Bx是_____电平;按下时,Bx是_____电平。(x取值0~7)

(二)电路调试

已经按照电路装接作业指导书装配出如图5-3-2所示数字显示病床呼叫器装配实物,并且通过装接质量检测流程,确认装接质量合格。

1.整备电路

1)安装芯片

按表5-3-1所示,把各个IC插入对应的IC插座,注意芯片方向。

表5-3-1　IC卡插槽对应表

PCB标号	IC型号	PCB标号	IC型号	PCB标号	IC型号
U2	74LS148	U3	74LS04	U4	74LS48

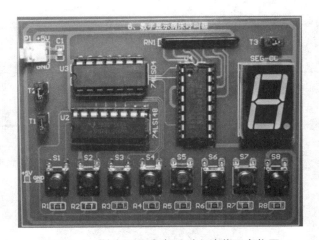

图5-3-2　数字显示病床呼叫电路装配实物图

2)设置跳线

如图5-3-2所示,T1、T2、T3接好跳线帽。

2.调试方法

电路正常工作,按无床呼叫,有床呼叫(有且仅有一个病床、多个病床)的情况按动呼叫键,测试电路工作状态。

3.调试过程

参照图5-3-1所示原理图与图5-3-2所示实物图,完成以下任务:

1) 给电路供+5V直流电压

—— 启动直流稳压电源,设置输出+5V电压;

—— 电源允许电压输出,用万用表直流电压挡≥10V量程,测量输出电压。

—— 测量值为DC_____V,电源供电　合格□　不合格□

判断标准:约等于设定电压值。

—— 电源不允许电压输出,把电路板的供电端子与直流稳压电源输出连接好。

2) 检查芯片供电

—— 电源允许电压输出;

—— 选用数字万用表直流电压挡≥10V量程,红表笔接电压端,黑表笔接公共端;

—— 测量以下芯片供电电压。

表5-3-2　芯片供电电压测量表

芯片标号/型号	红表笔接引脚号	黑表笔接引脚号	测量值(V)
U2/74LS148	U1:16(VCC)	U1:8(GND)	
U3/74LS04	U1:14(VCC)	U1:7(GND)	
U4/74LS48	U1:16(VCC)	U1:8(GND)	

——芯片U2、U3、U4供电　正常□　不正常□

判断标准:所有芯片供电电压约为电源电压。

3) 电路功能调试

表5-3-3　按键与病床号对应表

按键号	S1	S2	S3	S4	S5	S6	S7	S8
病床号	0	1	2	3	4	5	6	7

注:按键S8~S1逻辑值与状态,1—弹起状态,0—按下状态,X—弹起/按下

无床呼叫

—— 请按表5-3-4第0行S8~S1所示,使S8~S1都处于弹起状态;

—— 观察SEG数码管显示符号,填涂0行对应SEG显示符号栏。

—— 无病床呼叫电路工作　正常□　不正常□

判断标准:数码管不显示。

7号床呼叫

—— 请按表5-3-4第1行S8~S1所示,使S8按下,S7~S1弹起;

—— 观察SEG数码管显示符号,填涂1行对应SEG显示符号栏。

—— 仅有7号床呼叫,电路工作　正常□　不正常□

判断标准: 数码管显示数字7对应的符号。

特别说明: 以下情况仅限于本次实验电路模型。在医院实际中,所有病床呼叫的权限是平等的,即先叫先显示先响应。

—— 请按表5-3-4第1行S8~S1所示,S8按下不松,再逐次按一下S7~S1;

—— 观察SEG数码管显示符号_____(变/不变)。

—— 7号优先的多路呼叫,电路工作 正常 □ 不正常 □

判断标准: 显示7号病床号。

6号~0号床呼叫

—— 请按表5-3-4第2行~第8行的顺序,仿照7号床呼叫的步骤测试6号~0号床呼叫功能。

—— 仅有6号床呼叫,电路工作 正常 □ 不正常 □

—— 6号优先的多路呼叫,电路工作 正常 □ 不正常 □

—— 仅有5号床呼叫,电路工作正常 正常 □ 不正常 □

—— 5号优先的多路呼叫,电路工作 正常 □ 不正常 □

—— 仅有4号床呼叫,电路工作 正常 □ 不正常 □

—— 4号优先的多路呼叫,电路工作 正常 □ 不正常 □

—— 仅有3号床呼叫,电路工作正常 正常 □ 不正常 □

—— 3号优先的多路呼叫,电路工作 正常 □ 不正常 □

—— 仅有2号床呼叫,电路工作正常 正常 □ 不正常 □

—— 2号优先的多路呼叫,电路工作 正常 □ 不正常 □

—— 仅有1号床呼叫,电路工作正常 正常 □ 不正常 □

—— 1号优先的多路呼叫,电路工作 正常 □ 不正常 □

—— 仅有0号床呼叫,电路工作正常 正常 □ 不正常 □

表5-3-4 病床呼叫与显示

序号	床号	病床呼叫按键状态								SEG 显示符号
		S8	S7	S6	S5	S4	S3	S2	S1	
0	无	1	1	1	1	1	1	1	1	
1	7	0	x	x	x	x	x	x	x	
2	6	1	0	x	x	x	x	x	x	
3	5	1	1	0	x	x	x	x	x	
4	4	1	1	1	0	x	x	x	x	
5	3	1	1	1	1	0	x	x	x	
6	2	1	1	1	1	1	0	x	x	
7	1	1	1	1	1	1	1	0	x	
8	0	1	1	1	1	1	1	1	0	

4) 调试结论

—— 无床呼叫,电路工作　正常 □　不正常 □

—— 仅有一个床呼叫,电路工作　正常 □　不正常 □

—— 多个床呼叫,电路工作　正常 □　不正常 □

测试工程师(TE)签名＿＿＿＿＿＿＿＿＿＿＿＿

＿＿＿＿年＿＿＿＿月＿＿＿＿日＿＿＿＿时＿＿＿＿分

任务四 病床号显示错误典型故障检修

适用对应职业岗位 AE/FAE

(一) 典型故障现象：病床号显示错误

数字显示病床呼叫器已经通过电路调试，验证性能、质量合格。请你参照图5-4-1原理图与实物电路，完成以下任务：

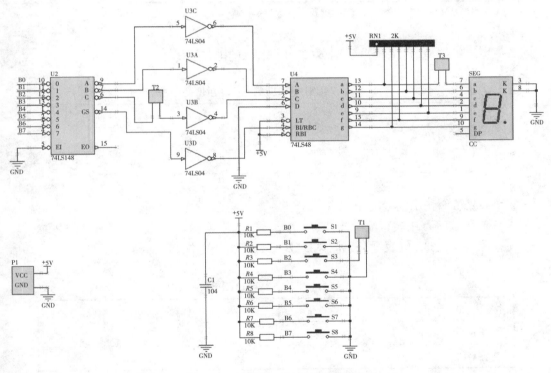

图5-4-1 数字显示病床呼叫器原理图

(二) 电路正常工作，无病床呼叫

正常工作电路设置说明：跳线T1、T2、T3连接。

1. 电路通电

—— 启动直流稳压电源，设置输出+5V电压；

—— 电源允许电压输出，电路通电。

2. 无呼叫，电路状态

1）确认输入与输出状态

——确认按键S8~S1全部处于弹起状态；

——确认SEG数码管无显示。

2）测U2输入/输出信号电平

—— 选用数字万用表直流电压挡≥10V量程，红表笔接"V"端，黑表笔接公共端；

—— 黑表笔接地，红表笔分别测试B7~B0的电位，结果填入填表5-4-1；

表5-4-1　按键电位测量值与电平

测量电位	V_{B7}/V_4	V_{B6}/V_3	V_{B5}/V_2	V_{B4}/V_1	V_{B3}/V_{13}	V_{B2}/V_{12}	V_{B1}/V_{11}	V_{B0}/V_{10}
测量值(V)								
电平(H/L)								

V_{B7}，V—电压，B7—连接标号 V_7，V—电压，7—芯片引脚号

——黑表笔接地，红表笔分别测试GS、C、B、A的电位，填表。

表5-4-2　74LS148输出端电位测量值与电平

测量电位	V_{GS}/V_{14}	V_C/V_6	V_B/V_7	V_A/V_9
测量值(V)				
电平(H/L)				

3）测U4输入/输出信号电平

—— 选用数字万用表直流电压挡≥10V量程，红表笔接"V"端，黑表笔接公共端；

—— 黑表笔接地，红表笔分别测试D、B、C、A、BI的电位，根据测量值，填表；

表5-4-3　74LS48输入端电位测量值与电平

测量电位	V_D/V_6	V_B/V_2	V_C/V_1	V_A/V_7	V_{BI}/V_4
测量值(V)					
电平(H/L)					

V_D，V—电压，D—引脚名 V_6，V—电压，6—芯片引脚号

——黑表笔接地，红表笔分别测试a、b、c、d、e、f、g的电位，根据测量值，填表。

表5-4-4　74LS48输出端电位测量值与电平

测量电位	V_a/V_{13}	V_b/V_{12}	V_c/V_{11}	V_d/V_{10}	V_e/V_9	V_f/V_{15}	V_g/V_{14}
测量值(V)							
电平(H/L)							

3.结果分析

1) U4的输入引脚CBA电平与U2的输出引脚C、B、A电平有何异同,为什么?

2) 本次测试中,U4的输入引脚D、B、C、A有输入信号,为什么输出引脚a、b、c、d、e、f、g全部为低电平(数码管全灭)呢?

(三) 电路正常工作,0号病床呼叫 ━━━━━━━━━━━━━━━━━━━━━━━━━━ ▪

正常工作电路设置说明: 跳线T1、T2、T3连接。

1.0号病床呼叫,电路状态

1) 确认输入与输出状态

—— 确认按键S8~S2处于弹起状态,S1处于按下状态;

—— 确认SEG数码管显示 []。

2) 测U2输入/输出信号电平

—— 选万用表直流电压挡≥10V量程,红表笔接"V"端,黑表笔接公共端;

—— 黑表笔接地,红表笔分别测试B7~B0的电位,填表;

表5-4-5 按键电位测量值与电平

测量电位	V_{B7}/V_4	V_{B6}/V_3	V_{B5}/V_2	V_{B4}/V_1	V_{B3}/V_{13}	V_{B2}/V_{12}	V_{B1}/V_{11}	V_{B0}/V_{10}
测量值(V)								
电平(H/L)								

—— 黑表笔接地,红表笔分别测试GS、C、B、A的电位,填表。

表5-4-6 74LS148输入端电位测量值与电平

测量电位	V_{GS}/V_{14}	V_C/V_6	V_B/V_7	V_A/V_9
测量值(V)				
电平(H/L)				

3) 测U4输入/输出信号电平

—— 选万用表直流电压挡≥10V量程,红表笔接"V"端口,黑表笔接公共端;

—— 黑表笔接地,红表笔分别测试D、B、C、A、BI的电位,填表;

表5-4-7　74LS48输入端电位测量值与电平

测量电位	V_D/V_6	V_B/V_1	V_C/V_2	V_A/V_7	V_{BI}/V_4
测量值(V)					
电平(H/L)					

——黑表笔接地,红表笔分别测试a、b、c、d、e、f、g的电位,填表;

表5-4-8　74LS48输出端电位测量值与电平

测量电位	V_a/V_{13}	V_b/V_{12}	V_c/V_{11}	V_d/V_{10}	V_e/V_9	V_f/V_{15}	V_g/V_{14}
测量值(V)							
电平(H/L)							

——电源禁止电压输出,电路断电。

2. 结果分析

有呼叫,电路响应过程

芯片U2,EI=0(低电平有效),当S8~S1任意一个键按下时,输出信号GS=_____,输出信号CBA为按键对应病床号的_____码的反码。

芯片U4,当输入信号BI无效,即BI=_____时,把D、C、B、A输入的_____码转译为驱动数码管显示对应符号的七段码。

思考题

为什么U2的输出信号GS、C、B、A要经过U3(74LS04)与U4(74LS48)的输入信号BI、C、B、A呢?

(四) 病床号显示错误典型故障排除

模拟故障电路设置说明: 跳线T2断开,T1、T3连接,模拟病床号显示错误的典型故障。

1. 电路通电

——确认跳线已按要求设置;

——确认按键S8~S1全部处于弹起状态;

——电源允许电压输出,电路通电。

2. 故障现象观察

——S1~S8都没有按下时,观察数码管SEG显示数字,电路工作正常;

——分别单独按下S1~S8按键,观察数码管显示情况;

表5-4-9 按键与数码显示

按下的键	S1	S2	S3	S4	S5	S6	S7	S8
病床号	0	1	2	3	4	5	6	7
SEG显示的数字								

—— 故障描述

—— 分别单独按下S1~S4时,数码管显示数字与病床号_____(一致/不一致),电路工作_____(正常/不正常);

—— 分别单独S5~S8按下时,数码管显示数字与病床号_____(一致/不一致),电路工作_____(正常/不正常)。

3.故障原因分析

1)正常现象分析电路情况

由于电路通电后,对无键按下、分别单按S1~S4的响应都正常,对照电路原理图及电路功能分析,可以做如下推断:

—— 电源供电_____(正常/不正常);

—— 数码管显示电路_____(正常/不正常);

—— 按键S1~S4功能与电路_____(正常/不正常)。

2)故障现象分析电路情况

由于电路通电后,对分别单独按下S5~S8有响应但显示的数字与病床号不一致,结合正常现象,对照电路原理图及电路功能分析,可以做如下分析推断:

—— U2按键响应正常,即输入信号B7~B0输入正常;输出信号A、B、GS输出正常,输出信号C输出可能不正常;

—— U3A、U3B、U3D三个非门工作_____(正常/不正常),U3C非门工作可能_____(正常/不正常);

—— U4的输入信号A、B、D、LT、RBI、BI/RBO输入_____(正常/不正常),C输入可能_____(正常/不正常);U4的输出信号a、b、c、d、e、f、g输出正常。

4.故障部位排查

1)排查对象

通过以上故障原因分析,推断故障可能出现在U2:6,U3C(U3:5,U3:6),U4:2及它们的连接线之间。

2)排查方法

采用故障重现,电压法。

3)排查过程

—— 电路通电,直流电压+5V;

—— 按下S5键,观察到SEG数码管显示数字"0";

—— 选用数字万用表直流电压挡≥10V量程,红表笔接"V"端,黑表笔接公共端;

—— 黑表笔接地,红表笔测试U2:6电位,测量值为_____V,_____(高/低)电平;

147

分析： 因U2输入是"4"，CBA编码应为＿＿＿＿＿＿，即U2：6是＿＿＿＿＿＿(高/低)电平；实测电平与理论电平是一致。

结论： 正常。

—— 红表笔测试U3：5电位，测量值＿＿＿＿＿＿V，＿＿＿＿＿＿(高/低)电平；

分析： 因U3：5与U2：6直接相连，理论上它们的电平相等，实测U2：6是＿＿＿＿＿＿(高/低)电平，U3：5是＿＿＿＿＿＿(高/低)电平，两者电平＿＿＿＿＿＿(相等/不相等)。

结论： U2：6与U3：5之间导线连接可能有问题。

—— 选用数字万用表蜂鸣挡，红、黑表笔短接，万用表发出蜂鸣声，说明表工作正常；

—— 红表笔接U2：6，黑表笔接U3：5，无蜂鸣声，表显＿＿＿＿＿＿。

分析： ＿＿＿＿＿＿＿＿＿＿＿＿＿＿＿＿＿＿＿＿＿＿＿＿＿＿＿＿＿＿＿＿＿＿＿＿＿。

结论： ＿＿＿＿＿＿＿＿＿＿＿＿＿＿＿＿＿＿＿＿＿＿＿＿＿＿＿＿＿＿＿＿＿＿＿＿＿。

5.排除故障

—— 选择长度适用、线径1mm的跳线，确认导通良好；

—— 电路掉电，用跳线牢固连接U2：6和U3：5；

—— 电路通电，分别单独按下S5~S8按键，数码管显示对应数字。

6.维修结论

—— 故障现象消失，故障已解决。

测试工程师(TE)签名＿＿＿＿＿＿＿＿＿＿＿＿＿＿

＿＿＿＿＿年＿＿＿＿＿月＿＿＿＿日＿＿＿＿时＿＿＿＿分

项目六　模数转换ADC0809芯片功能检验

设计者：郭　刚[1]　李昌锋[2]　朱承志[3]　谢　玲[3]

项目简介

医疗设备越来越多地应用于疾病诊断与治疗，其提供的数值就显得尤为重要，有任何偏差都有可能导致误诊，给患者的健康带来威胁，甚至可危及患者的生命安全。

数字医疗设备有两个基础模块，一是把传感器采集到的人体生物电信号转换为数字信号的模数转换模块；二是把数字信号转换为模拟信号的数模转换模块；它们是否精准直接关系到数字医疗设备提供的数值是否有偏差。临床医学工程师需要在医疗设备定期检查中对模数转换模块和数模转换模块进行检测、校准，以保障医疗设备安全、有效运行，这是降低临床医疗风险事件的有效控制手段，也是保护患者生命安全的坚实基础。

首先，临床医学工程师能够运用技术手册的状态表或时序图来设置数字医疗设备工作状态或启动某项功能，这就要求临床医学工程师能够看懂数字医疗设备的状态表和时序图。其次，数字医疗设备通常采用模数转换芯片对人体生物电进行采集，并转换为数字信号，再传输给智能系统进行数字信号处理，最后将处理结果显示至终端。因此，掌握模数转换或数模转换的工作原理是临床医学工程师必备能力。

本次实训选用模数转换"ADC0809"逻辑功能测试为载体，引导学习者按照《ADC0809技术手册》的时序图设置ADC0809的工作参数和工作模式，控制工作过程；掌握模数转换的校准方法，模数转换量化、编码的方法等职业岗位行动力；树立"沉下心、俯下身、一丝不苟"的做事态度；巩牢"诚信守法"的职业道德底线。

---

[1]　湘潭市中心医院
[2]　福建生物工程职业技术学院
[3]　湘潭医卫职业技术学院

(一) 实训目的

1.职业岗位行动力
(1) 熟练掌握模拟信号与数字信号区别与特点；
(2) 能计算模拟信号转换数字信号的量化与编码；
(3) 能根据时序图设置芯片工作模式、工作流程；
(4) 熟练掌握对比法用于数字量的校正。

2.职业综合素养
(1) 树立"沉下心、俯下身、一丝不苟"的做事态度；
(2) 巩牢"诚信守法"的职业道德底线；
(3) 培养"遵章作业，精益求精"的工匠精神；
(4) 培养"分工协作，同心合力"的团队协作精神。

(二) 实训工具

表6-0-1　实训工具表

名称	数量	名称	数量	名称	数量
调温烙铁台	1	锡丝、松香	若干	数字万用表	1
电路装配套件	1	直流稳压电源	1	防静电手环	1
斜口钳	1	镊子	1		

(三) 实训物料

表6-0-2　实训物料表

物料名称	型号	封装	数量	备注
2×8P双排直插针	hDR2X8	DIP8	1	
14P单排直插针	Header_14	SIP14	2	
4P单排直插针	Header_4	SIP4	1	
1P单排直插针	Header_1	SIP1	2	
8P单排直插针	Header_8	SIP8	1	
贴片电阻	10k	0805R	9	
贴片电容	100nF	0805C	2	
贴片电容	100pF	0805C	1	

（续表）

物料名称	型号	封装	数量	备注
贴片发光二极管	0805	0805D	8	绿光或红光
可调电阻	500KΩ	3362	1	
电源插座	公插座	2510 SIP2	1	配母插头一个
CLK 时钟输入	公插座	2510 SIP2	1	配母插头一个
8位模数转换芯片	ADC0809	DIP28	1	
28P 方孔IC插座	双列直插	DIP28	1	
SPDT开关	SPDT	SIP3	4	

（四）参考资料

(1)《ADC0809技术手册》；
(2)《3362可调电阻技术手册》；
(3)《贴片发光二极管技术手册》；
(4)《数字可编程稳压电源使用手册》；
(5)《数字万用表使用手册》；
(6)《数字信号源使用手册》；
(7)《IPC-A-610E电子组件的可接受性要求》。

（五）防护与注意事项

(1) 佩戴防静电手环或防静电手套，做好静电防护；
(2) 爱护仪器仪表，轻拿轻放，用完还原归位；
(3) 有源设备通电前要检查电源线是否破损，防止触电或漏电；
(4) 使用烙铁时，严禁甩烙铁，防止锡珠飞溅伤人，施工人员建议佩戴防护镜；
(5) 焊接时，实训场地要做好通风措施，施工人员建议佩戴口罩；
(6) 实训操作时，不得带电插拔元器件，防止尖峰脉冲损坏器件；
(7) 实训时，着装统一，轻言轻语，有序行动；
(8) 实训全程贯彻执行6S。

（六）实训任务

任务一　元器件品质检验
任务二　DIP28芯片功能检验电路装接与质量检查
任务三　模数转换ADC0809逻辑功能检查

任务一 元器件品质检查

对应职业岗位 IQC/IPQC/AE

（一）3362P-500k可调电阻品质检验

1.可调电阻封装与引脚

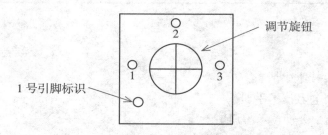

图6-1-1 3362P可调电阻封装与引脚顶部俯视图

2.外观检验

表6-1-1 外观检验项目表

序号	检验项目	验收方法/工具	检查结果		完成时间
1	型号、品牌标记清晰可见	目测	□合格	□不合格	
2	标称值清晰可见	目测	□合格	□不合格	
3	封装无破损、无裂缝	目测	□合格	□不合格	
4	引脚规整,标识清晰可见	目测	□合格	□不合格	

3.检验阻值可调和误差

采用数字万用表欧姆挡,检验总阻值与分电阻阻值。

注: $R13$表示引脚1与3之间的电阻,$R13=R12+R23$

1) 读标称值

—— 读可调电阻的标注为_____, 电阻为_____Ω;

—— 3362P-500k可调电阻允许误差是 ±10%。

注: 10~1MΩ 的3362可调电阻允许误差是 ±10%。

2) 设置万用表

—— 选用数字万用表欧姆挡≥20kΩ量程,红表笔插入"Ω"端,黑表笔插入公共端;

—— 红、黑表笔短接,表显0Ω,万用表工作正常。

3) 检验总阻值误差

—— 确认 1、3 引脚位置；

—— 红表笔可调电阻 1 脚，黑表笔接可调电阻 3 脚；

—— 表显示测量值_____Ω；

—— 实际误差=[(测量值−标称值)/标称值]×100%=(_____/_____)×100%=_____。

—— 实际误差_____(>，=，<)标称误差 合格□ 不合格□

判断标准：实际误差≤标称误差。

4) 检验电阻可调性

—— 确认 1、2、3 引脚位置；

—— 红表笔接可调电阻 1 脚，黑表笔接可调电阻 3 脚，所测值填表 6-1-2，1 行 $R13$；

—— 红表笔接可调电阻 1 脚，黑表笔接可调电阻 2 脚，所测值填表 6-1-2，1 行 $R12$；

—— 红表笔接可调电阻 2 脚，黑表笔接可调电阻 3 脚，所测值填表 6-1-2，1 行 $R23$；

—— 用十字螺母刀调节旋钮，重复以上步骤，所测值填表 6-1-2，2 行 $R13$、$R12$、$R23$。

表6-1-2 电阻测量值

序号	$R13$	$R12$	$R23$
1			
2			

——分电阻与总电阻的可调性 合格□ 不合格□

判断标准：各分电阻阻值之和等于总电阻值。

5) 检验结果

—— 3362P-10k 可调电阻品质检验 合格□ 不合格□

检验员(IQC)签名_____

检验时间_____

(二) 贴片发光二极管品质检验

1. 贴片发光二极管封装与电极

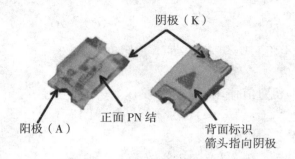

阴极（K）

阳极（A）

正面 PN 结

背面标识
箭头指向阴极

图 6-1-2 贴片发光二极管 0805D 封装与结构

2. 外观检验

表 6-1-3 外观检验项目表

序号	检验项目	验收方法/工具	检查结果	完成时间
1	型号、品牌标记清晰可见	目测	□ 合格　□ 不合格	
2	封装完整无破损	目测	□ 合格　□ 不合格	
3	电极规整无缺,极性标记清晰	目测	□ 合格　□ 不合格	

3. 检验发光二极管单向导通性

采用数字万用表二极管挡,测试正向发光(饱和),反向电阻无穷大(截止)。

1)设置万用表

——选用万用表,红表笔接"V/Ω/A"端,黑表笔接公共端;

——选择二极管挡,红、黑表笔短接,万用表发出蜂鸣声,说明表工作正常。

2)检测正向饱和性

——红表笔接发光二极管阳极(A)引脚,黑表笔发光二极管阴极(K)引脚;

——发光二极管发光,正向导通。

3)检测反向截止性

——红表笔接发光二极管阴极(K)引脚,黑表笔发光二极管阳极(A)引脚;

——数字万用表显示电阻无穷大。

4)检验结果:

——发光二极管正向导通性　合格 □　不合格 □

判断标准:二极管发光。

——发光二极管反向截止性　合格 □　不合格 □

判断标准:反向电阻无穷大。

检验员(IQC)签名_____

检验时间_____

(三) 无极性100nF贴片电容品质检查

1.无极性贴片电容外形与引脚

电容体
电极
电极

图6-1-3 无极性贴片电容

2.外观检验

表6-1-4 外观检验项目表

序号	检验项目	验收方法/工具	检查结果	完成时间
1	封装无破损、无鼓包	目测	□合格 □不合格	
2	电极镀锡规整,无脱落	目测	□合格 □不合格	

3.检查电容容量值与耐压值

采用数字万用表"⊣⊢"电容挡测量容量值,检验容量值是否合格。

1) 读标称值

CL21C104KCFnnnC(104—容量值,J—精度,C—耐压值)

—— 带盘上标注_____nF,最大耐压值为_____V;

注:容量值＞10pF前两个数标识有效数,第三位数标识数量级,如106=10×10^{6}pF;

容量值＜10pF字母R表示小数点, 如3R3=3.3pF;

耐压值 R—4V, Q—6.3V, P—10V, Q—16V, A—25V, L—36V, B—50V,
C—100V, D—200V, E—250V, G—500V, h—630V, I—1000V,
J—2000V, K—3000V。

—— 精度:±10%。

注:以pF为单位,A—±1.5pF,B—±0.1pF,C—±0.25pF,D—±0.5pF;

以百分比为单位, J—±5%, K—±10%, M—±20%, Z—+80%-20%。

2) 检验实际误差

—— 数字万用表选择mF挡,红表笔插入"⊣⊢"电容端,黑表笔插入公共端;

—— 红表笔接一个电极,黑表笔接另一个电极;

—— 读容量测量值_____nF;

—— 实际误差=[(测量值-标称值)/标称值]×100%=(_____/_____)×100%=_____。

3) 检验结果

—— 无极性贴片电容容量值　合格□　不合格□

判断标准: 实际误差＜标称误差

检验员(IQC)签名＿＿＿＿＿＿＿＿＿＿

检验时间＿＿＿＿＿＿＿＿＿＿

(四) 无极性贴片电容100pF品质检查

1.无极性贴片电容外形与引脚

电容体

电极   电极

图6-1-4　无极性贴片电容外形与引脚

2.外观检验

表6-1-5　外观检验项目表

序号	检验项目	验收方法/工具	检查结果	完成时间
1	封装无破损、无鼓包	目测	□ 合格　□ 不合格	
2	电极镀锡规整,无脱落	目测	□ 合格　□ 不合格	

3.检查电容容量值与耐压值

采用数字万用表"┤├"电容挡测量容量值,检验容量值是否合格。

1) 读标称值

CL21C104KCFnnnC(101—容量值,J—精度,Bs—耐压值)

—— 带盘上标注＿＿＿＿＿＿＿pF,最大耐压值为＿＿＿＿＿＿＿V;

注: 容量值＞10pF前两个数标识有效数,第三位数标识数量级,如 $106=10 \times 10^6 pF$;

容量值＜10pF字母R表示小数点, 如3R3=3.3pF;

耐压值 R—4V, Q—6.3V, P—10V, Q—16V, A—25V, L—36V, B—50V, C—100V

D—200, E—250V, G—500V, H—630V, I—1000V, J—2000V, K—3000V。

—— 精度: ±5%。

注: 以pF为单位,A— ±1.5pF, B— ±0.1pF, C— ±0.25pF, D— ±0.5pF;

以百分比为单位, J— ±5%, K— ±10%, M— ±20%, Z—+80%-20%。

2) 检验实际误差

—— 数字万用表选择mF挡,红表笔插入"┤├"电容端,黑表笔插入公共端;

—— 红表笔接一个电极,黑表笔接另一个电极;

—— 读容量测量值＿＿＿＿＿＿＿pF;

—— 实际误差=[(测量值-标称值)/标称值]×100%=(＿＿＿/＿＿＿)×100%=＿＿＿＿。

3）检验结果

—— 无极性贴片电容容量值　合格 □　不合格 □

判断标准：实际误差＜标称误差

检验员（IQC）签名_____

检验时间_____

（五）SPDT拨动开关品质检验

1.SPDT拨动开关封装与引脚

COM. 公共端
P1. 选择端 1
P2. 选择端 2

P1 COM P2

图6-1-5　SPDT拨动开关封装与引脚

2.外观检验

表6-1-6　外观检验项目表

序号	检验项目	验收方法/工具	检查结果	完成时间
1	型号、品牌标记清晰可见	目测	□合格　□不合格	
2	封装完整无破损	目测	□合格　□不合格	
3	引脚规整无缺	目测	□合格　□不合格	

3.检验SPDT开关通断性

采用数字万用表测量开关是否控制公共端与选择端之间的通断，检验拨动开关功能是否正常。

1）设置万用表

—— 选用万用表，红表笔接"V/Ω/A"端，黑表笔接公共端；

—— 选择二极管挡，红、黑表笔短接，万用表发出蜂鸣声，说明表工作正常。

2）检验开关控制通断性

—— 拨动开关到"P1"端；

—— 黑表笔接公共端，红表笔接"P1"，_____(有/无)蜂鸣声；

—— 黑表笔接公共端，红表笔接"P2"，_____(有/无)蜂鸣声；

—— 公共端与"P1"端_____(导通/断开)，与"P2"端_____(导通/断开)。

—— 拨动开关到"P2"端；

—— 黑表笔接公共端，红表笔接"P1"，_____(有/无)蜂鸣声；

—— 黑表笔接公共端,红表笔接"P2",_____(有/无)蜂鸣声;

—— 公共端与"P1"端_____(导通/断开),与"P2"端_____(导通/断开)。

3) 检验结果

—— 拨动开关控制公共端与"P1"端通断性　　□ 合格　　□ 不合格

—— 拨动开关控制公共端与"P2"端通断性　　□ 合格　　□ 不合格

判断标准: 拨动开关拨向哪端,哪端与公共端导通,另一端断开。

检验员(IQC)签名_____

检验时间_____

(六) 1002(103)贴片电阻品质检查

1.贴片电阻封装与结构

图6-1-6　贴片电阻封装与结构

2.外观检验

表6-1-7　外观检验项目表

序号	检验项目	验收方法/工具	检查结果	完成时间
1	标称值清晰可见	目测	□合格　□不合格	
2	封装无破损、无裂缝	目测	□合格　□不合格	
3	电极镀锡规整,无脱落	目测	□合格　□不合格	

3.检验电阻阻值与误差

采用数字万用表欧姆挡测量阻值,计算测量值与标称值的误差。

1) 读贴片电阻的标称值

贴片电阻标称值为_____,允许误差为_____。

注: 四位数标法,前三个数为有效数字,第四位是数量级,如 $1002=100×10^2=10kΩ$;

贴片电阻采用四位数标法,精度为1%。

2) 设置万用表

—— 选用数字万用表欧姆挡≥20kΩ量程,红表笔插入"Ω"端,黑表笔插入公共端,红、

黑表笔短接,表显 0Ω;

　　—— 红表笔接一个电极,黑表笔接另一个电极,读表显阻值;

　　—— 电阻测量值_____;

　　—— 实际误差=[(测量值−标称值)/标称值]×100%=(_____/_____)×100%=_____。

3) 检验结果

　　—— 电阻阻值与误差　合格 □　不合格 □

判断标准: 实际误差≤允许误差。

检验员(IQC)签名_____

检验时间_____

任务二 DIP28芯片功能检验电路装接与质量检查

对应职业岗位 **OP/IPQC/FAE**

(一) 电路原理图

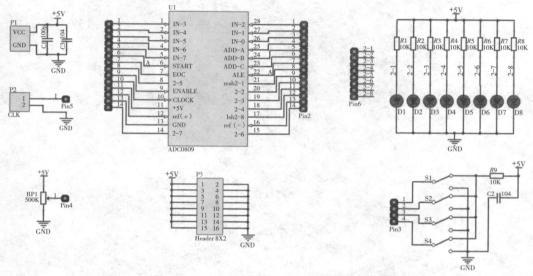

图6-2-1 DIP28芯片功能检验电路原理图

(二) 电路装配图

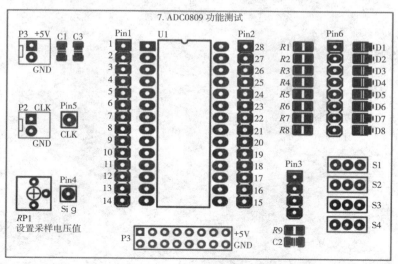

图6-2-2 DIP28芯片功能检验电路装配图

(三) 物料单(BOM)

表6-2-1　物料单表

物料名称	型号	封装	数量	备注
2×8P双排直插针	HDR2X8	DIP8	1	
14P单排直插针	Header_14	SIP14	2	
4P单排直插针	Header_4	SIP4	1	
1P单排直插针	Header_1	SIP1	2	
8P单排直插针	Header_8	SIP8	1	
贴片电阻	10k	0805R	9	
贴片电容	100nF	0805C	2	
贴片电容	100pF	0805C	1	
贴片发光二极管	0805	0805D	8	绿光或红光
可调电阻	500KΩ	3362	1	
电源插座	公插座	2510 SIP2	1	配母插头一个
CLK 时钟输入	公插座	2510 SIP2	1	配母插头一个
8位模数转换芯片	ADC0809	DIP28	1	
28P方孔IC插座	双列直插	DIP28	1	
SPDT开关	SPDT	SIP3	4	

(四) 电路装接流程

1. 准备工作台
—— 清理作业台面,不准存放与作业无关东西;
—— 焊台与常用工具置于工具区(执烙铁手边),设置好焊接温度;
—— 待焊接元件置于备料区(非执烙铁手边);
—— PCB板置于施工者正对面作业区。

2. 按作业指导书装接
—— 烙铁台通电;
—— 将元件按"附件6:数字信号传递与光电隔离电路装接作业指导书"整形好;
—— 执行"附件6:数字信号传递与光电隔离电路装接作业指导书"装配电路。

3. PCB清理
—— 关闭烙铁台电源,放好烙铁手柄;
—— 电路装配完成,用洗板水清洗PCB,去掉污渍、助焊剂残渣和锡珠;
—— 清洗并晾干的成品电路摆放在成品区。

4.作业现场6S

—— 清理工具,按区摆放整齐;

—— 清理工作台面,把多余元件上交;

—— 清扫工作台面,垃圾归入指定垃圾箱;

—— 擦拭清洁工作台面,清除污渍。

装接员(OP)签名＿＿＿＿＿＿＿＿＿＿

装配时间＿＿＿＿＿＿＿＿＿＿

(五) 装接质量检查

采用数字万用表的蜂鸣挡来检测导线连接的两个引脚或端点是否连通。

1.目视检查

表6-2-2　目视检查项目表

序号	检验项目	验收方法/工具	检查结果	完成时间
1	引脚高于焊点＜1mm(其余剪掉)	目测	□ 合格　□ 不合格	
2	已清洁PCB板,无污渍	目测	□ 合格　□ 不合格	
3	焊点平滑光亮,无毛刺	目测	□ 合格　□ 不合格	

2.焊点导通性检测

1) 分析电路的各焊点的连接关系

—— 请参照图6-2-1原理图,分析图6-2-2所示装配图各焊点之间的连接关系。

2) 设置万用表

—— 确认红表笔接表的电压端,黑表笔接表的公共端,选用数字万用表的蜂鸣挡;

—— 红、黑表笔短接,万用表发出蜂鸣声,说明表工作正常。

3) 检测电源是否短接

—— 红表笔接电源正极(VCC),黑表笔接电源负极(GND);

—— 无声,表明电源无短接;有声,请排查电路是否短路。

4) 检查线路导通性

—— 红、黑表笔分别与敷铜线两端的引脚或端点连接,万用表发出蜂鸣声,电路连接良好;

—— 无声,请排查电路是否断路;有声,表明电路正常;

—— 重复上一步骤,检验各个敷铜线两端的引脚或端点连接性能。

已经执行以上步骤,经检测确认电路装接良好,可以进行功能测试。

装接员(OP)签名＿＿＿＿＿＿＿＿＿＿

检验时间＿＿＿＿＿＿＿＿＿＿

附件6：

产品名称：DIP28芯片功能检验电路
产品型号：SDSX-06-04

DIP28芯片功能检验电路装接作业指导书

文件编号：SDSX-06
版本：4.0
发行日期：2022年5月24日　第1页，共3页

作业名称：DIP28芯片功能检验电路			工序号：1		
工艺名称：电阻、电容与发光二极管装接					
工具：调温烙铁台、镊子、焊锡、防静电手环					
设备：放大镜					

	物料名称	规格/型号	PCB标号	数量	备注
1	贴片电阻	10k/0805	R1~R9	9	
2	贴片电容	100pF/0805C	C1	1	
3	贴片电容	100nF/0805C	C2~C3	2	
4	发光二极管	绿色/0805D	D1~D8	2	

作业要求

1. 对照物料表核对元器件型号、封装是否一致；
2. 烙铁温度350℃，逐个顺次焊接10k贴片电阻R1~R9；
3. 焊接贴片电容C1，注意容量是100pF；逐个顺次焊接C3、C2，注意容量是100nF；
4. 逐个顺次焊接发光二极管：D1~D8，注意正、负引脚不能装错；
5. 检查焊点，质量要求至少达到可接受标准，清洁焊点。

注意事项

端子侧面有润湿填充；最大填充高度可到端子顶部

阴极

图例

1. 10k
2. 100pF
3. 100nF
4. 发光二极管，注意极性

产品名称：DIP28芯片功能检验电路
产品型号：SDSX-06-04

文件编号：SDSX-06
发行日期：2022年5月24日

版本：4.0
第2页，共3页

工序号：3

作业名称：IC座子与跳线插针装接

工具：调温烙铁台、镊子、焊锡、防静电手环

设备：放大镜

序号	物料名称	规格/型号	PCB标号	数量	备注
1	28P IC插座	双列直插/DIP28	U1	1	
2	14P单排直插针	Header_14/SIP14	Pin1,Pin2	2	
3	8x2P单排直插针	Header_8x2/DIP8	P3	1	
4	1P单排直插针	Header_1/SIP1	Pin5,Pin6	2	
5	6P单排直插针	Header_6/SIP6	Pin6	1	
6	4P单排直插针	Header_4/SIP4	Pin3	1	

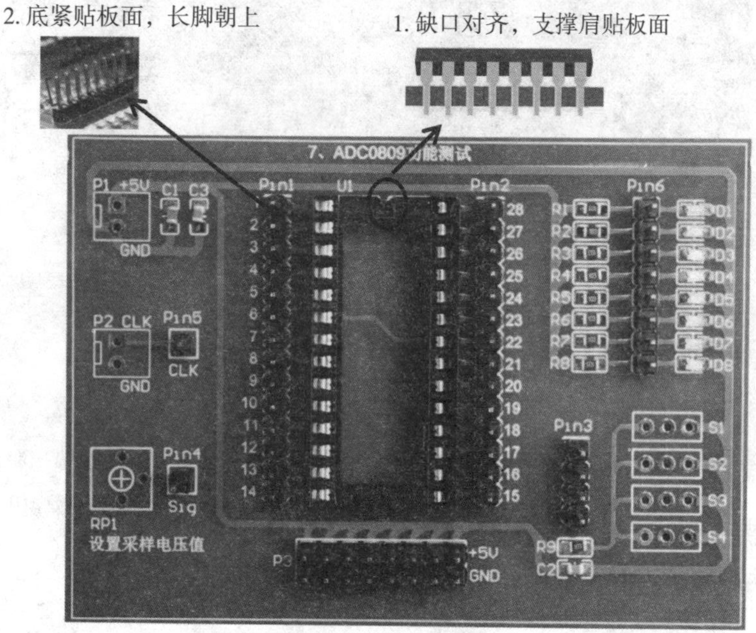

作业要求：

1. 对照物料表核对元器件型号、封装是否一致；
2. 焊接DIP28芯片座子，如图例1所示，缺口对缺口；
3. 顺次逐个焊接Pin1、Pin2、Pin5、Pin6、P3、Pin6、Pin3，如图例中2所示，短脚插入焊盘，底部紧贴PCB板面；
4. 检查焊点，质量要至少达到可接受标准，清洁焊点。

注意事项：

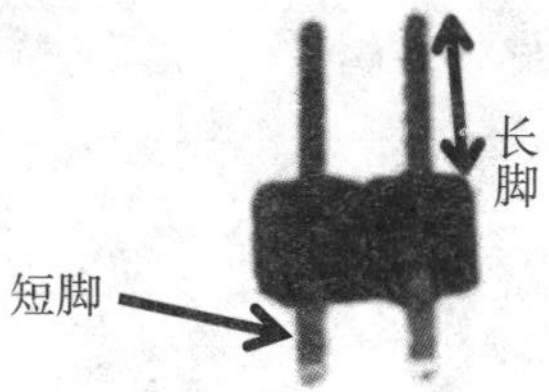

锥状，引线可辨，引线高出爆料＜1mm

长脚
短脚

图例：

1. 缺口对齐，支撑肩贴板面

2. 底紧贴板面，长脚制上

产品名称：DIP28芯片功能检验电路　　文件编号：SDSX-06　　版本：4.0

产品型号：SDSX-06-04　　发行日期：2022年5月24日　　第3页，共3页

作业名称：SPDT拨动开关、电源公插座装接	工序号：3
工具：镊子、防静电环、调温烙铁台、斜口钳、焊锡	
设备：放大镜	

	物料名称	规格/型号	PCB标号	数量	备注
1	电源插座	25102P/SIP2	P1	1	公插座
2	时钟输入端口	25102P/SIP2	P2	1	公插座
3	拨动开关	SPDT/SIP3	S1~S4	4	

作业要求：
1. 对照物料表核对元器件型号、封装是否一致；
2. 顺次逐个安装焊接P1、P2，如图例中1、2所示，定位边靠PCB板边，短脚插入焊盘，座子底部紧贴PCB板面；
3. 安装焊接RP1，如图例3所示，注意1脚面；
4. 顺次逐个安装焊接S1~S2，如图例1所示，底部紧贴PCB板面；
5. 检查焊点，质量要至少达到接受标准，清洁焊点。

注意事项

调节旋钮
2　3
1
1号引脚标识
定位边
焊接引脚（短）

图例

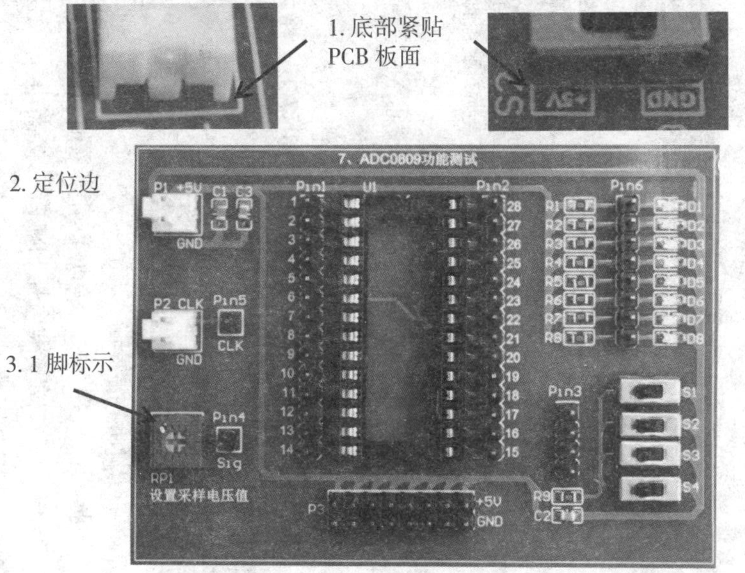

1. 底部紧贴PCB板面
2. 定位边
3. 1脚标示

7. ADC0809功能测试

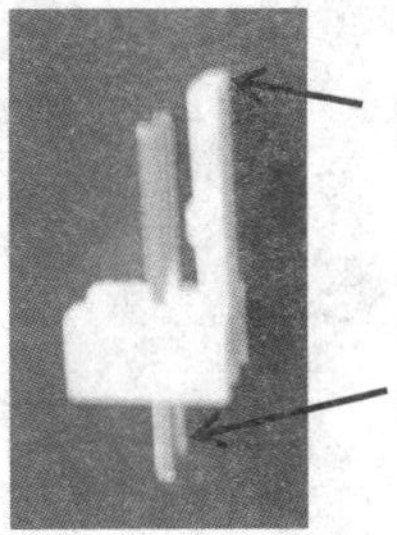

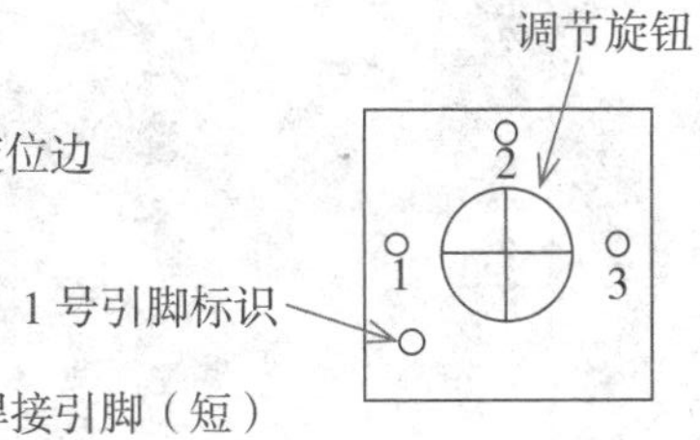

任务三 模数转换ADC0809逻辑功能检查

1.《ADC0809技术手册》(摘要)

ADC0809是8路8位逐次逼近型模数(A/D)转换典型芯片,在数字医疗设备中,能从8路模拟输入量中选择一路模拟量采集并进行A/D转换,输出数字量通过三态缓冲器,可直接与微处理器的数据总线相连接。

1) ADC0809引脚图

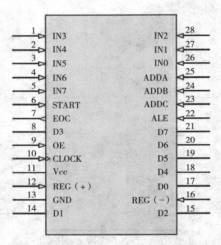

图6-3-1 ADC0809双列直插封装引脚图(俯视)

2) ADC0809引脚功能说明

IN0~IN7:8路模拟量输入端。

D0~D7:8位数字量输出端。

ADDC~ADDA:3位地址输入端,选通IN0~IN7中一路为输入,其余路断开。

ALE:地址锁在允许信号,产生正脉冲锁在地址。

START:A/D转换启动脉冲信号输入端,上升沿复位,下降沿启动。

EOC:A/D转换结束信号输出端。

OE:数字量输出允许信号输入端。

CLK:时钟脉冲输入端,本次实训采用频率值500kHz。

REF(+)、REF(−):采样基准电压,REF(+)接高电位,REF(−)接低电位。

VCC:电源,直流电压范围4.5V~6V,典型值5V。

GND:接地端。

3) 输入通道选择地址表

表6-3-1 输入通道选择地址表

地址码			选择的输入通道	地址码			选择的输入通道
ADDC	ADDB	ADDA		ADDC	ADDB	ADDA	
0	0	0	IN0	1	0	0	IN4
0	0	1	IN1	1	0	1	IN5
0	1	0	IN2	1	1	0	IN6
0	1	1	IN3	1	1	1	IN7

4) ADC0809工作时序图

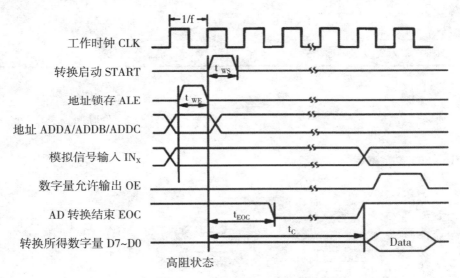

图6-3-2 ADC0809工作时序图

时序规范说明 $V_{CC}=V_{REF}(+)=5V$, $V_{REF}(-)=GND$, TA=25℃

表6-3-2 ADC0809工作参数表

符号	参数	最小	典型	最大	单位
f	工作时钟频率	10	640	1280	kHz
t_{WS}	转换启动脉冲宽度		100	200	ns
t_{WE}	地址锁在脉冲宽度		100	200	ns
t_{EOC}	EOC延时时长	0		8+2us	时钟周期
t_C	AD转换时间长度	90	100	116	us

5) ADC0809转换工作流程

——设置3位地址,选择模拟信号输入通道;

——设置ALE=1,将3位地址存入地址锁存器,从指定输入通道输入模拟量;

——按电平0→1→0的切换顺序设置启动START的电平,即先输入一个上升沿使逐次逼近寄存器复位,再输入一个下降沿启动AD转换;

——等待转换期间,EOC输出低电平;

——转换结束,EOC信号回到高电平;

——设置OE=1,允许D7~D0输出。

2.外观检验

表6-3-3　外观检验项目表

序号	检验项目	验收方法/工具	检查结果	完成时间
1	型号、品牌标记清晰可见	目测	□合格　□不合格	
2	封装完整无破损	目测	□合格　□不合格	
3	引脚规整无缺,1号脚标注清晰	目测	□合格　□不合格	

检验员(IQC)签名＿＿＿＿＿＿＿＿＿

检验时间＿＿＿＿＿＿＿＿＿

3.ADC0809功能测试

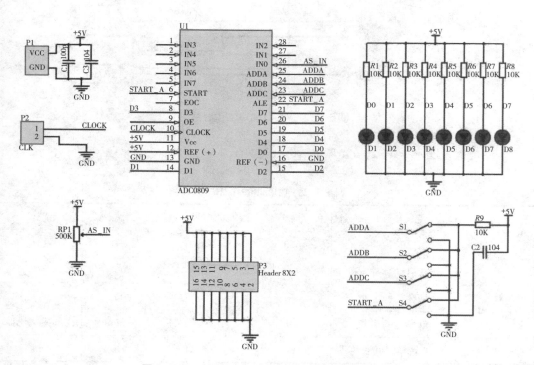

图6-3-3　ADC0809功能测试电路连接原理图

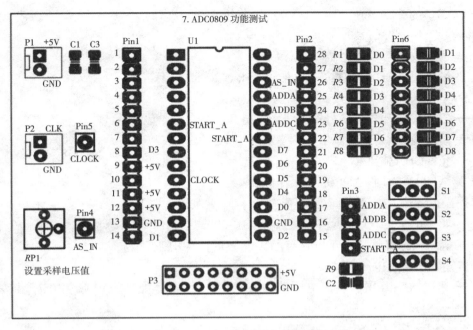

图6-3-4 ADC0809功能测试电路跳线连接图

1）测试方法

参照《ADC0809器件手册》提供的参数、状态表和时序图，按照工作流程设置IN0~IN7逐个被选通时，ADC0809的工作性能。设置RP1的特定模拟量输入指定的模拟输入通道，启动ADC0809进行采集和转换，并把转换结果通过发光二极管灯显示出来。

通过观察是否有输出及输出数字量，再把输出数字量转换成对应的模拟电压值，与输入的模拟量电压值进行比较，验证芯片是否工作正常。

2）连接测试电路

在实训板"ADC0809功能测试"，如图6-3-4所示，用跳线把标号相同的跳线端子连接。

—— 如图6-3-4所示，接好ADC0809功能测试电路，确认电路连接良好；

注：可选用数字万用表的蜂鸣挡，检测跳线连接的两个端子导通性来判断连接性能。

—— 把ADC0809安装到IC座子上，注意芯片缺口对座子缺口；

—— 确认S4S3S2S1=0000。

注：Sx开关输入逻辑定义：高电平—1 低电平—0。

3）芯片通电

—— 选用数字电源，通道CHA，输出电压DC+5V；

—— CHA输出端口接电源输出线；

—— 输出线红钳子接P1的+5V、黑钳子接P1的GND；

—— 允许电源CHA通道输出。

4）检查芯片供电

—— 选用数字万用表直流电压挡≥10V量程，红表笔接"V/Ω"端，黑表笔接公共端；

—— 红表笔接测试11号引脚，黑表笔接13号引脚，测得电压约为5V，芯片供电正常。

注：ADC0809芯片的VCC与GND不是芯片的右上角引脚和左下角引脚。

5）输入工作时钟信号

—— 选用数字信号发生器，通电，启动；

—— 设置通道CHA参数：方波，f=500kHz，V_{pp}=5V，偏移值2.5V；

注：Vpp指峰值

—— CHA输出端口接信号输出线；

—— 输出线红钳子接P2的CLK、黑钳子接P2的GND；

—— 允许CHA输出。

6）测试IN0输入时，ADC0809工作性能

选择模拟量输入通道

—— 如表6-3-1第1行所示，设置S3S3S1=000，选择IN0为模拟量输入通道；

—— 确认模拟量输出端子Pin4与ADC0809的IN0引脚连接。

设置输入模拟量电压值V_{SA}

—— 选用数字万用表直流电压挡≥10V量程，红表笔接"V/Ω"端，黑表笔接表的公共端；

—— 红表笔接测试26号引脚(IN0)，黑表笔接13号引脚(GND)；

—— 用十字螺丝刀调节RP1旋钮，使IN0输入电压约为1.5V，记录万用表显示的电压测量值，填入表6-3-1第1行"VSA"栏中，撤除万用表。

启动AD转换

—— 观察8个发光二极管灯，它们全_____(亮/灭)；

—— 选用数字万用表直流电压挡≥10V量程，红表笔接"V/Ω"端，黑表笔接表的公共端

—— 红表笔接测试12号引脚(REF(+))，黑表笔接13号引脚(GND)，结果填入表6-3-1第1行"REF(+)"栏中；

—— 红表笔接测试16号引脚(REF(−))，黑表笔接13号引脚(GND)，结果填入表6-3-1第1行"REF(−)"栏中；

—— 拨动S4开关，使其从低电平变成高电平，产生一个上升沿；

—— 再拨动S4开关，使其从高电平变成低电平，产生一个下降沿，启动转换。

EOC=1，读取输出结果

—— 观察到发光二极管亮灭发生变化，等到其稳定不变；

—— 选用数字万用表直流电压挡≥10V量程，红表笔接"V/Ω"端，黑表笔接表的公共端；

—— 红表笔接测试7号引脚(EOC)，黑表笔接13号引脚(GND)，测量电压值＞2V，AD转换已经结束；

—— 观察8个发光二极管灯亮灭，D8~D1对应的二进制值填入表6-3-1第1行"转换输出数字量"栏中。

注：发光二极管输出逻辑定义：发光二极管亮-1　发光二极管灭-0。

表6-3-4 ADC0809输出数据记录表

序号	S3S2S1	模拟量 输入通道	VSA V	REF(+) V	REF(−) V	转换输出数字量 （二进制）
1	000	IN0	1.5/_____			
2	001	IN1	2/_____			
3		IN2	2.5/_____			
4		IN3	3/_____			
5		IN4	3.5/_____			
6		IN5	4/_____			
7		IN6	4.5/_____			
8		IN7	3/_____			

1.5/_____，1.5是建议值，实际操作时，电压在1.5±10%范围内都允许，把实际值填入_____处

7) 测试IN1~IN7模拟输入通道

—— 请模仿6)中的各个步骤，按照表6-3-4第2行~第8行所示，逐个测试IN1~IN7输入时，记录ADC0809输出数据，填入表6-3-4相应栏中。

8) 计算数字量对应的"电压值"

—— 把表6-3-4中"转换输出数字量二进制"按序号逐个变换成"十进制"，结果填入表6-3-5对序号的"转换输出数字量(十进制)"栏目中；

表6-3-5 ADC0809输出数字量换算

序号	转换输出数字量 （十进制）	V_{DA}(V)	与实际输入模拟量误差值
1			
2			
3			
4			
5			
6			
7			
8			

—— 按以下公式，把表6-3-5转换输出数字量换算成模拟量，公式中REF(+)和REF(−)取自表6-3-4对应序号的同名栏目中的值；

$$V_{DA} = \frac{REF(+) - REF(-)}{2^8 - 1} \times 转换输出数字量（十进制）$$

—— 用表6-3-4中对应序号中的$V_{SA} - V_{DA}$，得到转换误差值。

注：ADC0809的转换误差为 $\pm[REF(+) - REF(-)]/255$，由于本次实训REF(+)接的+5V非高精度稳压电源，本身就有误差，导致ADC0809转换误差范围比较大，超出转换误差是可以接受的。

现场应用工程师(FAE)签名_____

_____年_____月_____日_____时_____分

项目七 血压超标报警器装调与检测

设计者：李昌锋[1]　胡希俅[2]　杨东海[3]　谢　玲[4]

项目简介

　　为确保医疗设备质量安全，医疗设备硬件工程师在电路设计开发时与医疗设备下线时，都需要对各模块功能、性能参数、整机性能进行调试。常用的调试方法是先分块调试再整体调试。分块调试是把电路按功能分成若干模块，对每个模块单独进行检测与调试，直到其功能实现；整体调试是把已经调试好的功能模块按照电路信号的流向逻辑组装连接，进行整体功能检测与调试。

　　本次实训选用由8位ADC模数转换模块、8位数据比较器模块等组成的模拟血压超标报警器为载体，在元器件品质检查、8位数据比较器模块电路装接与质量检查、8位ADC模数转换模块电路分析与调试、血压超标报警器功能分析与调试实训任务引导下，培养医疗设备硬件工程师样机电路装配、检测与调试等职业岗位行动力；树立"敬畏之心，底线思维"的安全发展观念；培养"局部服务于整体，整体是局部的协同统一"的团队协作精神。

① 建生物工程职业技术学院
② 湖北中医药高等专科学校
③ 漳州卫生职业学院
④ 湘潭医卫职业技术学院

（一）实训目的

1. 职业岗位行动力

（1）能够分析各模块的功能，以及模块之间信号传递与检测方法；

（2）能够按电路功能模块分析电路结构和工作原理；

（3）能够用先模块再整体的方法调试检测调试设备功能。

2. 职业综合素养

（1）树立"敬畏之心，底线思维"的安全发展观念；

（2）培养"遵章作业，精益求精"的工匠精神；

（3）培养"局部服务于整体，整体是局部的协同统一"的团队协作精神。

（二）实训工具

表7-0-1 实训工具表

名称	数量	名称	数量	名称	数量
数字直流稳压电源	1	锡丝、松香	若干	斜口钳	1
数据比较器套件	1	防静电手环	1	调温烙铁台	1
数字万用表	1	镊子	1		

（三）实训物料

表7-0-2 实训物料表

物料名称	型号	封装	数量	备注
贴片发光二极管	0805	0805D	8	绿光或红光
贴片电容	100n	0805C	1	
电源插座	公插座	2510 SIP2	1	配母插头一个
7P单排直插针	Header_7	SIP7	4	单排针
贴片电阻	1k	0805C	1	
2P跳线	Header_2	SIP2	1	配跳线帽
4位比较器	74LS85	SIP2	2	
8位模数转换芯片	ADC0809	DIP16	1	
16P方孔IC插座	双列直插	DIP16	2	

(四) 参考资料

(1)《ADC0809技术手册》;
(2)《74LS85技术手册》;
(3)《数字可编程稳压电源使用手册》;
(4)《数字万用表使用手册》;
(5)《IPC-A-610E电子组件的可接受性要求》。

(五)防护与注意事项

(1) 佩戴防静电手环或防静电手套,做好静电防护;
(2) 爱护仪器仪表,轻拿轻放,用完还原归位;
(3) 有源设备通电前要检查电源线是否破损,防止触电或漏电;
(4) 使用烙铁时,严禁甩烙铁,防止锡珠飞溅伤人,建议施工人员佩戴防护镜;
(5) 焊接时,实训场地要通风良好,建议施工人员佩戴口罩;
(6) 实训操作时,不得带电插拔元器件,防止尖峰脉冲损坏器件;
(7) 实训时,着装统一,轻言轻语,有序行动;
(8) 实训现场执行6S管理。

(六)实训任务

任务一 元器件品质检查
任务二 8位数据比较器模块电路装接与质量检查
任务三 8位ADC模数转换模块分析与调试
任务四 血压超标报警器功能分析与调试

任务一 元器件品质检查

对应职业岗位 IQC/IPQC/AE

（一）1001（102）贴片电阻品质检查

1. 贴片电阻封装与结构

图7-1-1 贴片电阻封装与结构

2. 外观检验

表7-1-1 外观检验项目表

序号	检验项目	验收方法/工具	检查结果	完成时间
1	标称值清晰可见	目测	□合格 □不合格	
2	封装无破损、无裂缝	目测	□合格 □不合格	
3	电极镀锡规整，无脱落	目测	□合格 □不合格	

3. 检验电阻阻值与误差

采用数字万用表欧姆挡测量阻值，计算测量值与标称值的误差。

1）读贴片电阻的标称值

贴片电阻标称值为_____，允许误差为_____。

注：四位数标法，前三个数为有效数字，第四位是数量级，如$1001=100×10^1=1\text{k}\Omega$；贴片电阻采用四位数标法，精度为1%。

2）设置万用表

—— 选用数字万用表欧姆挡≥20kΩ量程，红表笔插入"Ω"端，黑表笔插入公共端，红、黑表笔短接，表显0Ω；

—— 红表笔接一个电极，黑表笔接另一个电极，读表显阻值；

—— 电阻测量值为_____；

—— 实际误差＝[（测量值-标称值）/标称值]×100%＝（_____/_____）×100%＝_____。

3) 检验结果

—— 电阻阻值与误差：合格 □　不合格 □

判断标准： 实际 误差≤允许误差。

检验员(IQC)签名_____

检验时间_____

(二) 无极性贴片电容100nF品质检查

1. 无极性贴片电容外形与引脚

图7-1-2　无极性贴片电容外形与引脚

2. 外观检验

表7-1-2　外观检验项目表

序号	检验项目	验收方法/工具	检查结果	完成时间
1	封装无破损、无鼓包	目测	□合格　□不合格	
2	电极镀锡规整,无脱落	目测	□合格　□不合格	

3. 检查电容容量值与耐压值

采用数字万用表"┤├"电容挡测量容量值,检验容量值是否合格。

1) 读标称值

CL21C104KCFnnnC（104—容量值，K—精度，C—耐压值）

—— 带盘上标注_____nF,最大耐压值_____V;

注： 容量值>10pF前两个数标识有效数,第三位数标识数量级,如$106=10\times10^{6}pF$

容量值<10pF字母R表示小数点, 如3R3=3.3pF

耐压值 R—4V，Q—6.3V，P—10V，Q—16V，A—25V，L—36V，B—50V，C—100V，D—200V，E—250V，G—500V，H—630V，I—1000V，J—2000V，K—3000V

—— 精度: ±5%。

注： 以pF为单位 A—±1.5pF，B—±0.1pF，C—±0.25pF，D—±0.5pF;

以百分比为单位 J—±5%，K—±10%，M—±20%，Z—+80%-20%。

2) 检验实际误差

—— 数字万用表选择"mF"挡,红表笔插入"┤├"电容端,黑表笔插入公共端;

—— 红表笔接一个电极,黑表笔接另一个电极;

177

—— 读容量测量值_____nF；

—— 实际误差=[（测量值−标称值）/标称值]×100%=(_____/_____)×100%=_____。

3）检验结果

—— 无极性贴片电容容量值　合格 □　不合格 □

判断标准： 实际误差＜标称误差。

检验员(IQC)签名_____

检验时间_____

（三）贴片发光二极管品质检验

1.贴片发光二极管封装与结构

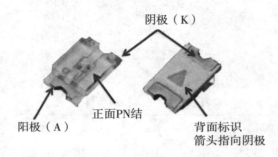

图7-1-3　贴片发光二极管0805D封装与结构

2.外观检验

表7-1-3　外观检验项目表

序号	检验项目	验收方法/工具	检查结果	完成时间
1	型号、品牌标记清晰可见	目测	□合格　□不合格	
2	封装完整无破损	目测	□合格　□不合格	
3	电极规整无缺,极性标记清晰	目测	□合格　□不合格	

3.检验发光二极管单向导通性

采用数字万用表二极管档,测试正向发光(饱和),反向电阻无穷大(截止)。

1）设置万用表

—— 选用万用表,红表笔接 "V/Ω/A" 端,黑表笔接公共端；

—— 选择二极管挡,红、黑表笔短接,万用表发出蜂鸣声,说明表工作正常。

2）检测正向饱和性

—— 红表笔接发光二极管阳极(A)引脚,黑表笔发光二极管阴极(K)引脚；

—— 发光二极管发光,正向导通。

3) 检测反向截止性

—— 红表笔接发光二极管阴极(K)引脚,黑表笔发光二极管阳极(A)引脚;

—— 数字万用表显示电阻无穷大。

4) 检验结果

—— 发光二极管正向导通性　合格 □　不合格 □

判断标准: 二极管发光。

—— 发光二极管反向截止性　合格 □　不合格 □

判断标准: 反向电阻无穷大。

检验员(IQC)签名＿＿＿＿＿＿＿＿＿＿＿＿

检验时间＿＿＿＿＿＿＿＿＿＿＿＿

(四) 直插74LS85品质检查

1.《74LS85技术手册》(摘要)

74LS85是一款常用来对两个4位二进制数(A、B)进行比较,判断数值大小的比较器,比较结果有三种:$O_{A>B}$、$O_{A=B}$、$O_{A<B}$。

1) DIP16封装与引脚

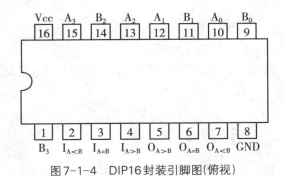

$A_3 \sim A_0$　　4 位二进制数 A 并行输入端
$B_3 \sim B_0$　　4 位二进制数 B 并行输入端
$I_{A=B}$　　　级联输入,低位相等输入端
$I_{A<B}$　　　级联输入,低位小于输入端
$I_{A>B}$　　　级联输入,低位大于输入端
$O_{A=B}$　　　A 等于 B 输出端
$O_{A<B}$　　　A 小于 B 输出端
$O_{A>B}$　　　A 大于 B 输出端

图 7-1-4　DIP16 封装引脚图(俯视)　　　　　图 7-1-5　引脚功能说明

2) 74LS85真值表

表 7-1-4　74LS85 真值表

比较输入				级联输入			输出		
A_3, B_3	A_2, B_2	A_1, B_1	A_0, B_0	$I_{A>B}$	$I_{A=B}$	$I_{A<B}$	$O_{A>B}$	$O_{A=B}$	$O_{A<B}$
$A_3>B_3$	×	×	×	×	×	×	H	L	L
$A_3<B_3$	×	×	×	×	×	×	L	L	H
$A_3=B_3$	$A_2>B_2$	×	×	×	×	×	H	L	L
$A_3=B_3$	$A_2<B_2$	×	×	×	×	×	L	L	H
$A_3=B_3$	$A_2=B_2$	$A_1>B_1$	×	×	×	×	H	L	L
$A_3=B_3$	$A_2=B_2$	$A_1<B_1$	×	×	×	×	L	L	H
$A_3=B_3$	$A_2=B_2$	$A_1=B_1$	$A_0>B_0$	×	×	×	H	L	L

（续表）

比较输入				级联输入			输出		
A_3, B_3	A_2, B_2	A_1, B_1	A_0, B_0	$I_{A>B}$	$I_{A=B}$	$I_{A<B}$	$O_{A>B}$	$O_{A=B}$	$O_{A<B}$
$A_3=B_3$	$A_2=B_2$	$A_1=B_1$	$A_0<B_0$	×	×	×	L	L	H
$A_3=B_3$	$A_2=B_2$	$A_1=B_1$	$A_0=B_0$	H	L	L	H	L	L
$A_3=B_3$	$A_2=B_2$	$A_1=B_1$	$A_0=B_0$	L	L	H	L	L	H
$A_3=B_3$	$A_2=B_2$	$A_1=B_1$	$A_0=B_0$	×	H	×	L	H	L
$A_3=B_3$	$A_2=B_2$	$A_1=B_1$	$A_0=B_0$	H	L	H	L	L	L
$A_3=B_3$	$A_2=B_2$	$A_1=B_1$	$A_0=B_0$	L	L	L	H	L	H

H—高电平　L—低电平　X—高或低电平

2. 目视检验

表7-1-5　外观检验项目表

序号	检验项目	验收方法/工具	检查结果	完成时间
1	型号、品牌标记清晰可见	目测	□合格　□不合格	
2	封装完整无破损	目测	□合格　□不合格	
3	引脚规整无缺，1号脚标注清晰	目测	□合格　□不合格	

3. 74LS85 功能检验

采用测试平台，搭建74LS85功能检验电路，通电验证逻辑功能。

$I_{A<B}I_{A=B}I_{A>B}$=010，再设置A、B数值，观察输出。比较输出是否与《74LS85技术手册》的真值表一致，如果一致，芯片工作正常。

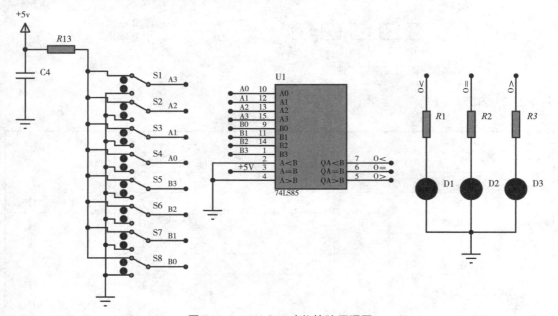

图7-1-6　74LS85功能检验原理图

在实训板"逻辑芯片品质检查"，按照图7-1-7所示，用跳线连接相同标号的端子，接好74LS148功能验证电路，确认电路连接良好。

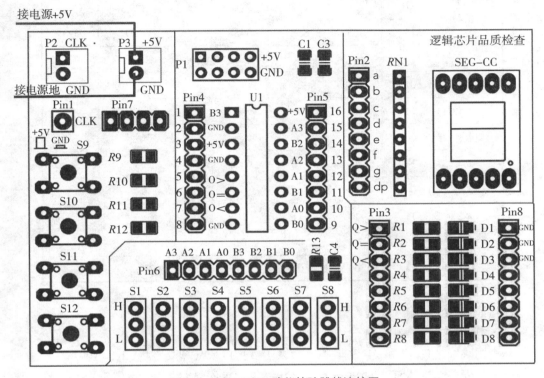

图7-1-7　74LS85功能检验跳线连接图

1) 确认芯片通电正常

—— 电路接通DC+5V，确认红表笔插入表的电压端，黑表笔插入表的公共端，选用万用表直流电压挡≥10V量程；

—— 黑表笔接地，红表笔接测试引脚，如果测U1:16脚电压约为5V，测芯U1:8脚电压约为0V，芯片供电正常。

注：输入信号— 1/H，0/L，x/H或L；输出信号— 1/亮，0/灭。

2) 验证A、B数值比较功能

—— 确认U1:3脚接+5V，U1:2和U1:4脚接GND；

—— 如A、B数值比较结果记录表7-1-6 1~9行的值，逐行设置S1~S8电平；

—— 观察D1~D3输出显示，并记录结果，填入该行对应的栏目中。

表7-1-6　A、B数值比较结果记录表

序号	比较输入				输出		
	A_3B_3	A_2B_2	A_1B_1	A_0B_0	$O_{A>B}$	$O_{A=B}$	$O_{A<B}$
	S1S5	S2S6	S3S7	S4S8	D1	D2	D3
1	10	×	×	×			
2	01	×	×	×			
3	11	10	×	×			
4	00	01	×	×			
5	11	11	10	×			
6	00	00	01	×			
7	11	11	11	10			
8	00	00	00	01			
9	11	00	00	11			

3）验证级联$I_{A>B}$输入功能

—— 电路掉电；

—— 用跳线把U1:2和U1:3脚接GND，U1:4脚接+5V，即$I_{A<B}I_{A=B}I_{A>B}$=001；

—— 如表7-1-7　A=B时级联输入与比较结果记录序号1行的值设置S1~S8电平；

—— 电路通电，观察D1~D3输出显示，并记录结果，填入该行对应的栏目中。

4）验证级联$I_{A<B}$输入功能

—— 电路掉电；

—— 用跳线把U1:2脚接+5V，U1:3和U1:4脚接GND，即$I_{A<B}I_{A=B}I_{A>B}$=100；

—— 如表7-1-7　A=B时级联输入与比较结果记录序号2行的值设置S1~S8电平；

—— 电路通电，观察D1~D3输出显示，并记录结果，填入该行对应的栏目中。

表7-1-7　A=B级联输入与比较结果记录表

序号	比较输入				级联输入			输出		
	A_3B_3	A_2B_2	A_1B_1	A_0B_0	$I_{A>B}$	$I_{A=B}$	$I_{A<B}$	$O_{A>B}$	$O_{A=B}$	$O_{A>B}$
	S1S5	S2S6	S3S7	S4S8	U1:4	U1:3	U1:2	D1	D2	D3
1	$A_3=B_3$	$A_2=B_2$	$A_1=B_1$	$A_0=B_0$	H	L	L			
2	$A_3=B_3$	$A_2=B_2$	$A_1=B_1$	$A_0=B_0$	L	L	H			

4）验证结果如下

—— A、B数值比较功能　正常 □　　不正常 □

——级联功能　正常 □　不正常 □

判断标准： 对比表7-1-6、表7-1-7与《74LS85技术手册》真值表一致，芯片功能正常。

检验员（IQC）签名_____

检验时间_____

任务二 八位数据比较器模块电路装接与质量检查

对应职业岗位　**OP/IPQC/FAE**

(一) 电路原理图

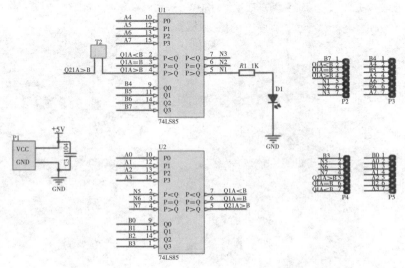

图 7-2-1　八位数据比较器电路原理图

(二) 电路原理图

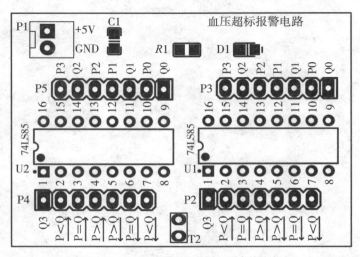

图 7-2-2　八位数据比较器电路装配图

(三) 物料单(BOM)

表7-2-1 物料单表

物料名称	型号	封装	数量	备注
贴片发光二极管	0805	0805D	8	绿光/白光
贴片电容	100nF	0805C	1	
电源插座	公插座	2510 SIP2	1	配母插头一个
7P单排直插针	Header_7	SIP7	4	单排针
贴片电阻	1k	0805C	1	
2P跳线	Header_2	SIP2	1	配跳线帽
4位比较器	74LS85	DIP16	2	
8位模数转换芯片	ADC0809	DIP28	1	
16P普通IC插座	双列直插	DIP16	2	

(四) 电路装接流程

1. 准备工作台

—— 清理作业台面, 不准存放与作业无关东西;

—— 焊台与常用工具置于工具区(执烙铁手边), 设置好焊接温度;

—— 待焊接元件置于备料区(非执烙铁手边);

—— PCB板置于施工者正对面作业区。

2. 按作业指导书装接

—— 烙铁台通电;

—— 将元件按"附件7:8位数据比较器模块装接作业指导书"整形好;

—— 执行"附件7:8位数据比较器模块装接作业指导书"装配电路。

3. PCB清理

—— 关闭烙铁台电源, 放好烙铁手柄;

—— 电路装配完成, 用洗板水清洗PCB, 去掉污渍、助焊剂残渣和锡珠;

—— 清洗并晾干的成品电路摆放在成品区。

4. 作业现场6S

—— 清理工具, 按区摆放整齐;

—— 清理工作台面, 把多余元件上交;

—— 清扫工作台面, 垃圾归入指定垃圾箱;

—— 擦拭清洁工作台面,清除污渍。

现场应用工程师(FAE)签名＿＿＿＿＿＿＿＿＿＿

＿＿＿＿＿年＿＿＿＿月＿＿＿＿日＿＿＿＿时＿＿＿＿分

(五) 装接质量检查

采用数字万用表的蜂鸣挡来检测导线连接的两个引脚或端点是否连通。

1. 目视检查

表7-2-2　目视检查项目表

序号	检验项目	验收方法/工具	检查结果	完成时间
1	引脚高于焊点<1mm(其余剪掉)	目测	□合格　□不合格	
2	已清洁PCB板,无污渍	目测	□合格　□不合格	
3	焊点平滑光亮,无毛刺	目测	□合格　□不合格	

2. 焊点导通性检测

1) 分析电路的各焊点的连接关系

—— 请参照图7-2-1原理图,分析图7-2-2所示装配图各焊点之间的连接关系。

2) 设置万用表

—— 确认红表笔接表的电压端,黑表笔接表的公共端,选用数字万用表的蜂鸣挡;

—— 红、黑表笔短接,万用表发出蜂鸣声,说明表工作正常。

3) 检测电源是否短接

—— 红表笔接电源正极(VCC),黑表笔接电源负极(GND);

—— 无声,表明电源无短接;有声,请排查电路是否短路。

4) 检查线路导通性

—— 红、黑表笔分别与敷铜线两端的引脚或端点连接,数字万用表发出蜂鸣声,电路连接良好;

—— 无声,请排查电路是否断路;有声,表明电路正常;

—— 重复上一步骤,检验各个敷铜线两端的引脚或端点连接性能。

已经执行以上步骤,经检测确认电路装接良好,可以进行功能测试。

装接员(IPQC)签名＿＿＿＿＿＿＿＿＿＿

＿＿＿＿＿年＿＿＿＿月＿＿＿＿日＿＿＿＿时＿＿＿＿分

附件7：

产品名称：8位数据比较器模块
产品型号：SDSX-07-04

8位数据比较器模块装接作业指导书

文件编号：SDSX-07　　　版本：4.0
发行日期：2022年5月24日　　　第1页，共3页

作业名称：电阻、电容与发光二极管装接		工序号：1			
工具：调温烙铁台、镊子、焊锡、防静电手环					
设备：放大镜					
	物料名称	规格/型号	PCB标号	数量	备注
1	贴片电容	100pF/0805C	C1	1	
2	贴片电阻	1k/0805	R1	1	
3	贴片发光二极管	绿色/0805D	D1	1	

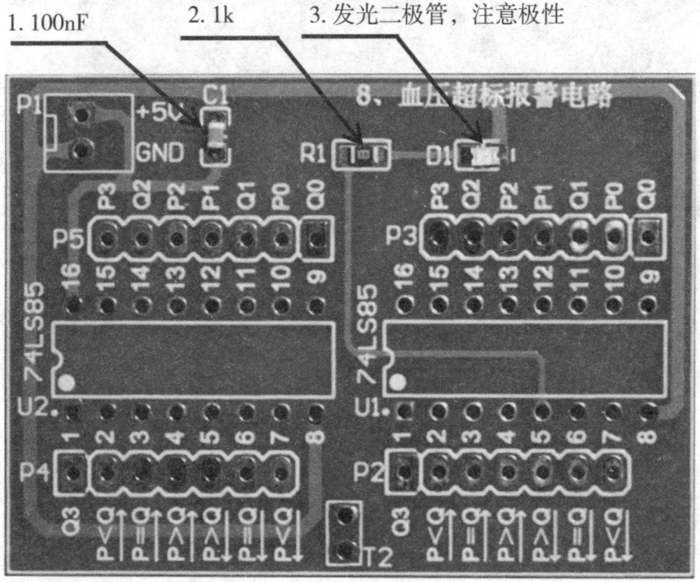

作业要求：
1. 对照物料表核对元器件型号、封装是否一致；
2. 烙铁温度350℃，焊接贴片电容C1，注意容量是100nF；
3. 焊接贴片电阻R1；
4. 焊接贴片发光二极管：D1，注意正、负引脚不能装错；
5. 检查焊点，质量要至少达到可接受标准，清洁焊点。

注意事项：

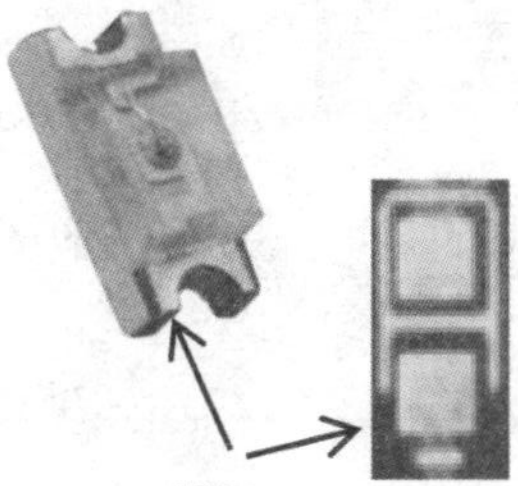

端子侧面有润湿填充，最大填充高度可到端子顶部

阴极

图例：

8. 血压超标报警电路
3. 发光二极管，注意极性
2. 1k
1. 100nF

文件编号：SDSX-07　　版本：4.0
发行日期：2022年5月24日　　第2页，共3页

产品名称：8位数据比较器模块
产品型号：SDSX-07-04

作业名称：IC座子与跳线插针装接	工序号：2
工具：调温烙铁台、镊子、焊锡、防静电手环	
设备：放大镜	

序号	物料名称	规格/型号	PCB标号	数量	备注
1	DIP16芯片座子	DIP16	U2	1	
2	DIP16芯片座子	DIP16	U1	1	
3	7P单排直插针	Header_7/SIP7	Pin4、Pin5	2	
4	7P单排直插针	Header_7/SIP7	Pin2、Pin3	2	

作业要求：
1. 对照物料表核对元器件型号、封装是否一致；
2. 焊接DIP16芯片座子，如图例中1所示，缺口对缺口；
3. 顺次逐个焊接Pin4、Pin5、Pin2、P3，如图例中2所示，短脚插入焊盘，底部紧贴PCB板面；
4. 检查焊点，质量要至少达到可接受标准，清洁焊点。

注意事项：

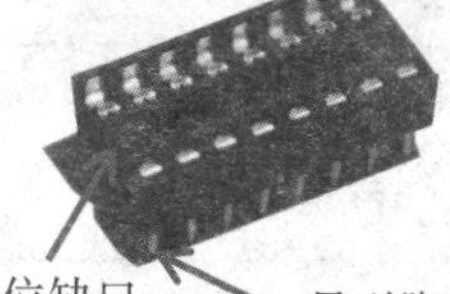

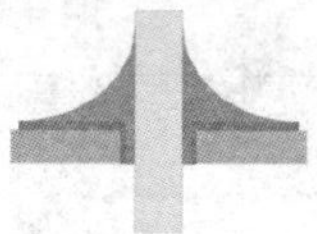

锥状、引线可辨、
引线高出爆料＜1mm

1号引脚
定位缺口

图例：

8. 血压超标报警电路

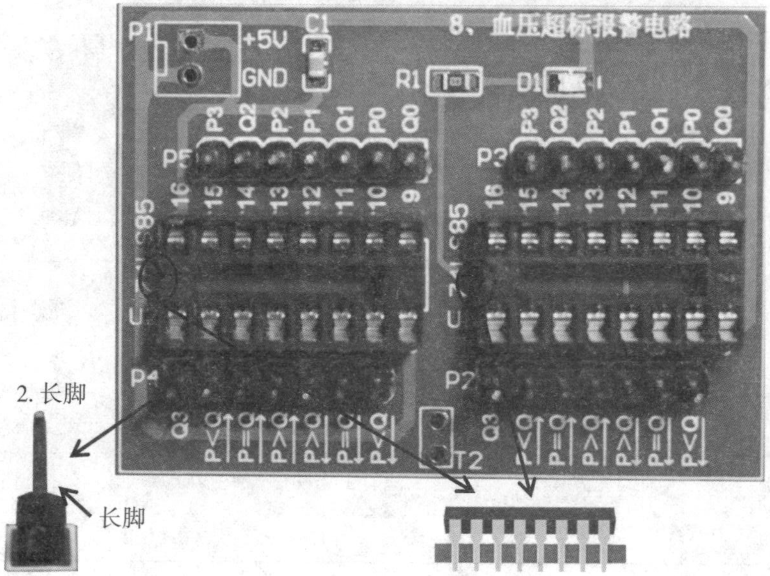

1. 缺口对齐，支撑肩贴板面
2. 长脚
长脚

产品名称:8位数据比较器模块
产品型号:SDSX-07-04

文件编号:SDSX-07
版本:4.0
发行日期:2022年5月24日
第3页,共3页

作业名称:电源公插座、跳线端子装接		工序号:3
工具:镊子、防静电环、调温烙铁台、斜口钳、焊锡		
设备:放大镜		

	物料名称	规格/型号	PCB标号	数量	备注
1	电源插座	25102P/SIP2	P1	1	公插座
2	跳线端子	SIP2	T2	1	公插座

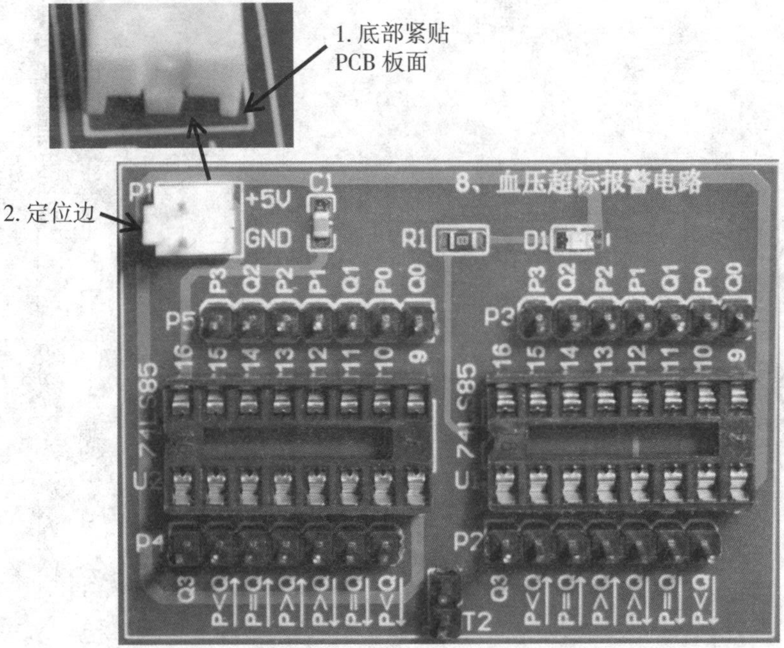

作业要求

1. 对照物料表核对元器件型号,封装是否一致;
2. 顺次逐个安装焊接P1、P2,如图例中1、2所示,定位边靠PCB板边,短脚插入焊盘,座子底部紧贴PCB板面;
3. 安装焊接RP1,如图例3所示,注意1脚位置;
4. 顺次逐个安装焊接S1~S2,如图例1所示,底部紧贴PCB板面;
5. 检查焊点,质量要至少达到可接受标准,清洁焊点。

注意事项

图例

1. 底部紧贴 PCB 板面
2. 定位边

定位边
焊接引脚（短）

长脚
跳线端子

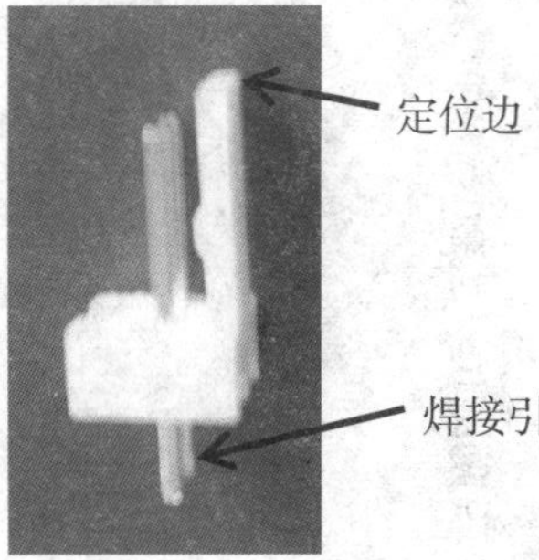

任务三　八位ADC模数转换模块分析与调试

适用对应职业岗位　AE/FAE/PCB DE/PCB TE

（一）八位ADC模数转换模块分析

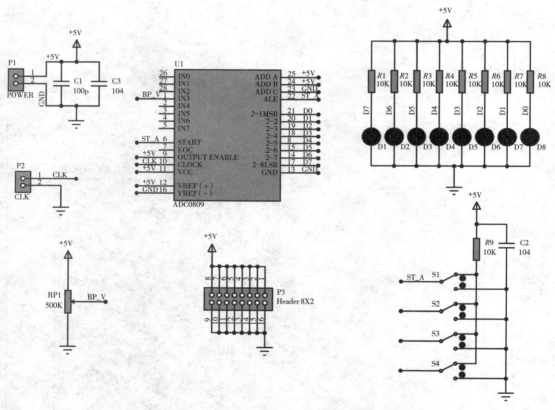

图 7-3-1　血压超标报警器八位ADC模数转换模块原理图

请认真阅读血压超标报警器八位ADC模数转换模块原理图,完成以下任务:

1.电路识读

1) ADC0809是8位模数转换器,引脚ADDC接"GND",引脚ADDB和ADDA接"+5V",即地址位=0_____B,选择通道_____为血压值输入通道,芯片将通过该通道对RP1的"BP_V"进行采样。

2) 引脚OE(OUTPUTENABLE)接"+5V",即转换完成后,允许从引脚2-1到2-8输出转换所得的8位_____(模拟/数字)值,并驱动D1~D8显示输出值。

3）引脚CLOCK外接"CLK"时钟脉冲为芯片提供工作脉冲；引脚START与引脚_____并联，再与开关S1连接，控制"模数转换"开始。

4）引脚VREF(+)接"+5V"，VREF(−)接"GND"，即ADC0809的采样基准电压的高电位为_____，低电位为_____。

2.RP1的作用

RP1是_____电阻，通过调节旋钮可以改变"BP_V"的_____值，模拟传感器把人体的血压值变化转换成的电压值。

3.S1的作用

S1是单刀双掷拨动开关，一个触点通过电阻R9接_____，另一个触点接_____；当S1从"低电平"切换"高电平"时，使ADC0809的"START/ALE"引脚输入一个_____沿，使转换寄存器复位；当S1从"高电平"切换"低电平"时，使ADC0809的"START/ALE"引脚输入一个_____沿，启动模数转换。

（二）八位ADC模数转换模块调试

1.整备电路

1）在实训板"ADC0809功能测试"，如图7-3-2血压超标报警器8位ADC模数转换模块接线图所示，用跳线把标号相同的跳线端子连接。

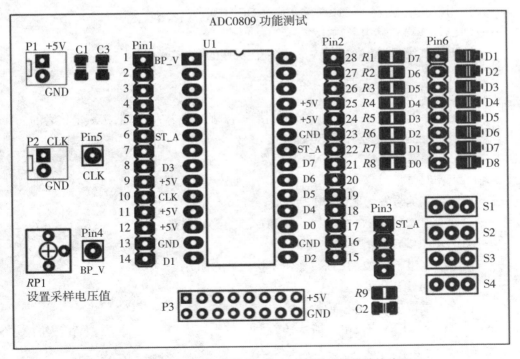

图7-3-2 血压超标报警器8位ADC模数转换模块接线图

2) 按表7-3-1所示，把各个IC插入对应的IC插座，注意芯片方向。

表7-3-1 模块名称对照表

模块名称	PCB标号	IC型号	封装
ADC0809功能测试	U1	ADC0809	DIP28

装接员(OP)签名＿＿＿＿＿＿＿＿＿＿＿＿＿

＿＿＿＿年＿＿＿＿月＿＿＿＿日＿＿＿＿时＿＿＿＿分

2.调试方法

电路正常工作，设置血压模拟量电压值，启动ADC0809采样转换得到8位输出数字量（二进制），再与计算血压模拟量所得数字量（二进制）比较，验证8位ADC模数转换模块是否工作正常。

给电路提供+5V供电，给"CLK"端子输入500kHz的时序脉冲，调节$RP1$，使Pin4输出约3.5V电压，作为血压模拟量输入ADC0809通道IN3，拨动开关S1，使其电平按"$0 \to 1 \to 0$"的顺序进行切换，启动ADC0809进行采样和转换，并允许结果输出(OE=1)驱动D1~D8显示。

3.调试过程

1) 芯片通电

—— 选用数字电源，通道CHA，输出电压DC"+5V"；

—— CHA输出端口接电源输出线；

—— 输出线红钳子接P1的"+5V"、黑钳子接P1的"GND"；

—— 允许电源CHA通道输出。

2) 检查芯片供电

—— 选用数字万用表直流电压挡≥10V量程，红表笔接"V/Ω"端，黑表笔接表的公共端；

—— 红表笔接测试11号引脚，黑表笔接13号引脚，测得电压约为5V，芯片供电正常。

注：ADC0809芯片的VCC与GND不是芯片的右上角引脚和左下角引脚。

3) 输入工作时钟信号

—— 选用数字信号发生器，通电，启动；

—— 设置通道CHA参数：方波，f =500kHz，V_{pp}=5V，偏移2.5V；

—— CHA输出端口接信号输出线；

—— 输出线红钳子接P2的CLK、黑钳子接P2的GND；

—— 允许CHA输出。

4) 设置输入模拟量BP_V电压值

—— 选用数字万用表直流电压挡≥10V量程，红表笔接"V/Ω"端，黑表笔接表的公共端；

—— 红表笔接测试Pin4端子，黑表笔接GND；

—— 用十字螺丝刀调节$RP1$旋钮，使Pin4端子电压约为3.5V；

—— 万用表测量的电压值＿＿＿＿＿＿＿V(保留两位小数)。

5）测量基准电压值

—— 观察8个发光二极管灯，它们全_____（亮/灭）；

—— 选用数字万用表直流电压挡≥10V量程，红表笔接"V/Ω"端，黑表笔接表的公共端；

—— 红表笔接测试12号引脚（REF(+)），黑表笔接GND，测量值V_____（保留两位小数）；

—— 红表笔接测试16号引脚（REF(-)），黑表笔接GND，测量值_____V（保留两位小数）。

6）启动ADC转换

—— 拨动S1开关，使其电平0→1翻转，产生一个上升沿，锁存地址；

—— 再拨动S1开关，使其电平1→0翻转，产生一个下降沿，启动转换。

7）EOC=1，读取输出结果

—— 观察到发光二极管亮灭发生变化，等到其稳定不变；

—— 选用数字万用表直流电压挡≥10V量程，红表笔接"V/Ω"端，黑表笔接表的公共端；

——红表笔接测试7号引脚（EOC），黑表笔接13号引脚（GND），测量电压值＞2V，AD转换已经结束；

—— 观察8个发光二极管灯亮灭，D8~D1对应的二进制值=_____。

注：发光二极管输出逻辑定义：发光二极管亮—1　发光二极管灭—0。

8）调试结论

____ $\dfrac{BP\_V}{V_{REF}(+)-V_{REF}(-)} \times 255 \approx$ _____（向上保留整数），转换二进制数=_____。

—— 8位ADC模数转换模块工作：　正常 □　不正常 □

测试工程师(TE)签名_____

_____年_____月_____日_____时_____分

任务四 血压超标报警器电路分析与调试

适用对应职业岗位　AE/AEF/PCB DE/PCB TE

（一）血压超标报警器电路工作原理分析

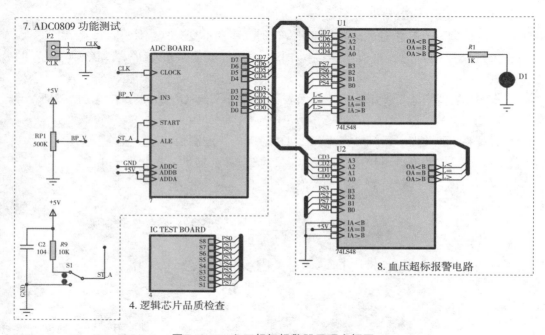

图7-4-1　血压超标报警器原理方框图

请认真阅读图7-4-1血压超标报警器原理方框图,完成以下任务:

1.采样血压值转换为8位二进制数

1)"ADC0809功能测试"中,因ADDC~ADDA=0_____,当S1的电平按"0→1→0"的顺序切换,即先产生一_____个沿,再产生一个_____沿,启动ADC0809对_____通道输入的BP_V模拟量进行采样并转换成数字量。

2)ADC0809模数转换所得的8位_____数,其高4位D7~D4数据通过信号线CD7~CD4传输给"血压超标报警电路"U1的A3~A0;其低4位D3~D0数据通过信号线CD3~CD0传输给"血压超标报警电路"U2的A3~A0。

2.设置血压报警值

1)根据报警血压值,按照公式计算得转换对应的8位_____制血压报警值,再依此值设置"逻辑芯片品质检查"中SPDT拨动开关S1~S8的电平值。

2) S1~S8设置的血压报警值,其高4位S1~S4数据通过信号线PS7~PS4传输给"血压超标报警电路"U1的B____~B____;其低4位S____~S____数据通过信号线PS3~PS0传输给"血压超标报警电路"U2的B3~B0。

3.产生血压超标报警信号

1)"血压超标报警电路"U1与U2采用串联的方式,组成一个_____位数据比较器,U1比较高4位数据,U2比较_____4位数据;当A>B时,U1的比较结果输出端QA>B输出高电平驱动D1发光,模拟血压超标报警信号输出。

2) 只有U1中A3~A0与B3~B0两组数值_____时,U1的比较结果才会等于U2的比较结果输出。

(二) 电路调试

已经按照电路装接作业指导书装配好"逻辑芯片品质检查""ADC0809功能测试""血压超标报警电路"实物,并且通过装接质量检测流程,确认装接质量合格。

1.整备电路

1) 如"附件8:血压超标报警器接线图"所示,在实训板"逻辑芯片品质检查""DIP28芯片功能检验电路"和"血压超标报警电路"三个模块,用跳线把标号相同的跳线端子连接。

2) 按表7-4-1所示,把各个IC插入对应的IC插座,注意芯片方向。

表7-4-1 芯片安装型号表

模块名称	PCB标号	IC型号	封装
ADC0809功能测试	U1	ADC0809	DIP28
血压超标报警电路	U1	74LS85	DIP16
血压超标报警电路	U2	74LS85	DIP16

3) 接好"血压超标报警电路"T2跳线帽。

测试工程师(TE)签名_____

____年____月____日____时____分

2.调试方法

电路正常工作,检验当BP_V>报警值时是否报警。先设置"逻辑芯片品质检查"S8~S1电平预置报警值(数字量);再调节"ADC0809功能测试"RP1设置BP_V血压模拟量;每设置一次BP_V血压模拟量就按"0→1→0"的电平顺序拨动S1开关一次,启动ADC0809,观察"血压超标报警电路"D1显示。

3.调试过程

1) 给电路供+5V直流电压

附件8：血压超标报警器接线图

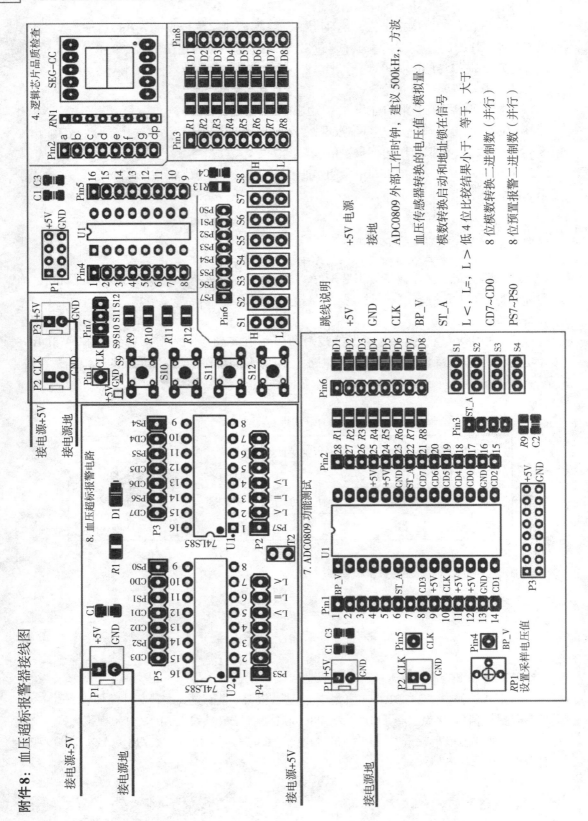

—— 启动直流稳压电源,设置输出+5V电压;

—— 电源允许电压输出,用万用表直流电压挡量程≥10V,测量输出电压;

—— 测量值为DC_____V,电源供电　合格 □　不合格 □

—— 电源不允许电压输出,把电路板的供电端子与直流稳压电源输出连接好。

2) 检查芯片供电

—— 电源允许电压输出;

—— 选用数字万用表直流电压挡≥10V量程,红表笔接电压端,黑表笔接公共端;

—— 如表7-4-2所示,测量各芯片供电电压值,结果填表。

表7-4-2　芯片供压测量值

模块名称	芯片标号/型号	红表笔接引脚	黑表笔接引脚	测量值(V)
ADC0809功能测试	U1/ADC0809	U1:11(VCC)	U1:13(GND)	
血压超标报警电路	U1/74LS85	U1:16(VCC)	U1:8(GND)	
血压超标报警电路	U2/74LS85	U2:16(VCC)	U2:8(GND)	

—— ADC0809芯片供电　正常 □　不正常 □

判断标准:芯片电压等于电源电压。

—— 74LS85芯片供电　正常 □　不正常 □

判断标准:芯片电压等于电源电压。

3) 输入ADC0809工作时钟信号

—— 选用数字信号发生器,通电,启动;

—— 设置通道CHA参数:方波,f=500kHz,V_{pp}=5V,偏移2.5V;

—— CHA输出端口接信号输出线;

—— 输出线红钳子接"ADC0809功能测试"P2的CLK、黑钳子接P2的GND;

—— 允许CHA输出。

4) 设置血压超标报警值

设报警值为3V,即BP_V>3V时,血压超标报警器能发出报警信号。

预设报警值

—— 选用数字万用表直流电压挡≥10V量程,红表笔接"V/Ω"端,黑表笔接表的公共端;

—— "ADC0809功能测试"模块,红表笔接测试12号引脚(REF(+)),黑表笔接GND,测量值_____V(保留两位小数);

—— 红表笔接测试16号引脚(REF(-)),黑表笔接GND,测量值_____V(保留两位小数);

—— $\dfrac{BP\_V}{V_{REF}(+)-V_{REF}(-)}\times 255\approx$_____(向上保留整数),转换二进制数=_____;

—— "逻辑芯片品质检查"模块,按以上转换二进制数设置S8~S1的电平值。

注：逻辑定义　1—高电平(H)，0—低电平(L)。

检验"血压超标报警电路"报警值输入

—— 选用数字万用表直流电压挡≥10V量程，红表笔接"V/Ω"端，黑表笔接表的公共端；

—— 黑表笔接GND，红表笔分别测量如表7-4-3所示各引脚电位，结果填表。

表7-4-3　血压超标报警电路报警值输入值（血压超标报警电路板，U1、U2指74LS85）

标号/引脚	电位值	逻辑值	标号/引脚	电位值	逻辑值
PS7/U1：1			PS3/U2：1		
PS6/U1：14			PS2/U2：14		
PS5/U1：11			PS1/U2：11		
PS4/U1：9			PS0/U2：9		

注：1—高电平(电位＞2.1V)，0—低电平(电位＜0.8V)。

—— "血压超标报警电路"报警值输入　正常 □　不正常 □

判断标准：输入值与预设值一致。

5）当BP_V小于报警值时，调试报警器工作状态

设置BP_V值

—— 选用数字万用表直流电压挡≥10V量程，红表笔接"V/Ω"端，黑表笔接表的公共端；

—— "ADC0809功能测试"模块，红表笔接测试Pin4端子，黑表笔接GND；

—— 用十字螺丝刀调节RP1旋钮，使Pin4端子电压约为2.5V；

—— 万用表测量的电压值＿＿＿＿V(保留两位小数)。

检测"ADC0809功能测试"转换输出值

—— 拨动S1开关，使其电平0→1翻转，产生一个上升沿，锁存地址；

—— 再拨动S1开关，使其电平1→0翻转，产生一个下降沿，启动转换；

—— 选用数字万用表直流电压挡≥10V量程，红表笔接"V/Ω"端，黑表笔接表的公共端；

—— 黑表笔接GND，红表笔分别测量如表7-4-4所示各引脚电位，结果填表。

表7-4-4　ADC0809转换输出值 (ADC0809功能测试板，U1指ADC0809)

标号/引脚	电位值	逻辑值	标号/引脚	电位值	逻辑值
CD7/U1：21			CD3/U1：8		
CD6/U1：20			CD2/U1：15		
CD5/U1：19			CD1/U1：14		
CD4/U1：18			CD0/U1：17		

注：1—高电平(电位＞2.1V)，0—低电平(电位＜0.8V)。

检验"血压超标报警电路"转换值输入

—— 选用数字万用表直流电压挡≥10V量程,红表笔接"V/Ω"端,黑表笔接表的公共端;

—— 黑表笔接GND,红表笔分别测量如表7-4-5所示各引脚电位,结果填表。

表7-4-5 血压超标报警电路转换值输入值(血压超标报警电路板,U1、U2指74LS85)

标号/引脚	电位值	逻辑值	标号/引脚	电位值	逻辑值
CD7/U1:15			CD3/U2:15		
CD6/U1:13			CD2/U2:13		
CD5/U1:12			CD1/U2:12		
CD4/U1:10			CD0/U2:10		

注: 1—高电平(电位>2.1V),0—低电平(电位<0.8V)。

—— "血压超标报警电路"转换值输入 正常 □ 不正常 □

判断标准: 输入值与ADC0809转换输出值一致。

检验"血压超标报警电路"比较结果输出

—— "血压超标报警电路"D1_____(亮/灭);

—— 选用数字万用表直流电压挡≥10V量程,红表笔接"V/Ω"端,黑表笔接表的公共端;

—— 黑表笔接GND,红表笔测U1:2(L<)电位为_____V。

调试结论

—— 当BP_V小于报警值时,报警器正常工作,不报警。

判断标准: D1灭,L<为高电平。

6) 当BP_V大于报警值时,调试报警器工作状态

设置BP_V值

—— 选用数字万用表直流电压挡≥10V量程,红表笔接"V/Ω"端,黑表笔接表的公共端;

—— "ADC0809功能测试"模块,红表笔接测试Pin4端子,黑表笔接GND;

—— 用十字螺丝刀调节RP1旋钮,使Pin4端子电压约为3.5V;

—— 万用表测量的电压值_____V(保留两位小数)。

检测"ADC0809功能测试"转换输出值

—— 拨动S1开关,使其电平0→1翻转,产生一个上升沿,锁存地址;

—— 再拨动S1开关,使其电平1→0翻转,产生一个下降沿,启动转换;

—— 选用数字万用表直流电压挡≥10V量程,红表笔接"V/Ω"端,黑表笔接表的公共端;

—— 黑表笔接GND,红表笔分别测量如表7-4-6所示各引脚电位,结果填表。

表7-4-6　ADC0809转换输出值（ADC0809功能测试板，U1指ADC0809）

标号/引脚	电位值	逻辑值	标号/引脚	电位值	逻辑值
CD7/U1：21			CD3/U1：8		
CD6/U1：20			CD2/U1：15		
CD5/U1：19			CD1/U1：14		
CD4/U1：18			CD0/U1：17		

注：1—高电平(电位＞2.1V)，0—低电平(电位＜0.8V)。

检验"血压超标报警电路"转换值输入

—— 选用数字万用表直流电压挡≥10V程，红表笔接"V/Ω"端，黑表笔接表的公共端；

—— 黑表笔接GND，红表笔分别测量如表7-4-7所示各引脚电位，结果填表。

表7-4-7　血压超标报警电路转换值输入值（血压超标报警电路板，U1、U2指74LS85）

标号/引脚	电位值	逻辑值	标号/引脚	电位值	逻辑值
CD7/U1：15			CD3/U2：15		
CD6/U1：13			CD2/U2：13		
CD5/U1：12			CD1/U2：12		
CD4/U1：10			CD0/U2：10		

注：1—高电平(电位＞2.1V)，0—低电平(电位＜0.8V)。

—— "血压超标报警电路"转换值输入　正常□　不正常□

判断标准：输入值与ADC0809转换输出值一致。

检验"血压超标报警电路"比较结果输出

—— "血压超标报警电路"D1_____(亮/灭)。

调试结论

—— 当BP_V大于报警值时，报警器正常工作，报警。

判断标准：D1亮，即L＞为高电平。

7) 血压超标报警器调试结论

—— 血压正常时，电路工作正常，不报警　正常□　不正常□

—— 血压超标时，电路工作正常，不报警　正常□　不正常□

测试工程师(TE)签名_____

_____年_____月_____日_____时_____分

项目八　DR球管延时关机电路装调与检测

设计者：胡希俅[①]　杨东海[②]　张　科[③]　谢　玲[④]

项目简介

　　具有高温、高速特性模块或部件的大型医疗设备，譬如CT、DR，在使用后关机，如果所有模块随着关机立即掉电停止工作，那么高温余热不能及时有效散发，会导致此类设备使用寿命缩短；从高速运转到骤然停止，会产生强大的惯性力，严重的会导致器件立即损坏。因此，CT、DR等具有高温、高速特性模块或部件的医疗设备，基本配有延时关机电路。在医疗设备关机时，高温、高速特性模块或部件能够延时断电，有效保护模块或部件的使用安全，延长使用寿命。

　　本次实训选用DR球管延时关机电路为实训任务载体，通过元器件品质检查、电路装接、电路功能调试、典型故障排查任务的训练，培养学习者能使用工具检查D触发器等元器件的品质，能分析触发器组成的延时电路的工作过程，能使用工具现场调试DR球管延时关机电路功能，能使用工具排查延时不关机的典型故障的职业岗位行动力；树立"新技术、新工艺、新思路"自主创新创业意识；厚植"精心呵护，提升效益"的工匠精神。

①　湖北中医药高等专科学校
②　漳州卫生职业学院
③　上海普康医疗科技有限公司
④　湘潭医卫职业技术学院

(一) 实训目的

1. 职业岗位行动力
(1) 能够识读触发器的时序图、状态转换图和逻辑真值表等专业术语;
(2) 能够理解触发器的稳态、暂态和触发方式;
(3) 能够执行D触发器芯片的品质检测;
(4) 能够分析延时关机电路结构与工作原理,调试电路功能;
(5) 能够按照故障现象,分析故障原因、排查故障部位,填写实训报告。

2. 职业综合素养
(1) 树立以"新技术、新工艺、新思路"自主创新创业意识;
(2) 培养"精心呵护,提升效益"的工匠精神;
(3) 培养"分工协作,同心合力"的团队协作精神。

(二) 实训工具

表8-0-1　实训工具表

名称	数量	名称	数量	名称	数量
数字直流稳压电源	1	锡丝、松香	若干	斜口钳	1
电路装接套件	1	防静电手环	1	调温烙铁台	1
数字万用表	1	镊子	1		

(三) 实训物料

表8-0-2　实训物料表

物料名称	型号	封装	数量	备注
贴片电容	100p	0805C	1	
电解电容	47uF	RAD0.3	1	
贴片发光二极管	0805	0805D	1	绿色
电源插座	公插座	2510 2P	1	
NPN三极管	9013	TO92	1	
贴片电阻	5.1k	0805R	4	
贴片电阻	1k	0805R	1	
可调电阻	100k	3362P	1	
DIP14芯片座子	双列直插	DIP14	1	

物料名称	型号	封装	数量	备注
轻触按钮	微型非自锁	KEY_X4P	1	
2P单排直插针	Header_2	SIP2	2	带跳线帽
D触发器芯片	CD4013	DIP14	1	

(四) 参考资料

(1)《CD4013D型触发器技术手册》;

(2)《9013三极管技术手册》;

(3)《数字万用表使用手册》;

(4)《数字可编程稳压电源使用手册》;

(5)《数字示波器使用手册》;

(6)《IPC-A-610E电子组件的可接受性要求》。

(五) 防护与注意事项

(1) 佩戴防静电手环或防静电手套,做好静电防护;

(2) 爱护仪器仪表,轻拿轻放,用完还原归位;

(3) 有源设备通电前要检查电源线是否破损,防止触电或漏电;

(4) 使用烙铁时,严禁甩烙铁,防止锡珠飞溅伤人,施工人员建议佩戴防护镜;

(5) 焊接时,实训场地要通风良好,施工人员建议佩戴口罩;

(6) 实训操作时,不得带电插拔元器件,防止尖峰脉冲损坏器件;

(7) 实训时,着装统一,轻言轻语,有序行动;

(8) 实训全程贯彻执行6S。

(六) 实训任务

任务一　元器件品质检查

任务二　DR球管延时关机电路装接与质量检查

任务三　DR球管延时关机电路分析与调试

任务四　延时不关机典型故障检修

任务一 元器件品质检查

对应职业岗位 **IQC/IPQC/AE**

（一）三极管9013/2N3904型TO92封装品质检验

1.9013型TO92三极管封装与引脚

1. 发射极（E）
2. 基极（B）
3. 集电极（C）

1 2 3

图8-1-1 9013型TO92三极管封装与引脚

2.外观检验

表8-1-1 外观检验项目表

序号	检验项目	验收方法/工具	检查结果	完成时间
1	型号、品牌标记清晰可见	目测	□合格 □不合格	
2	封装完整无破损	目测	□合格 □不合格	
3	引脚规整无缺	目测	□合格 □不合格	

3.检验NPN三极管电流放大倍数h_{FE}

采用数字万用表测量三极管的h_{FE}参数，检验三极管功能是否正常。

1) 设置万用表

—— 选用数字万用表的h_{FE}挡位。

2) 测试h_{FE}参数

—— 9013三极管插入万用表"NPN"测试口，引脚号与万用表"NPN"插座号一致；

—— 手向下按紧三极管，确保引脚与测试口接触良好；

—— 读表显h_{FE}为_____。

3）检验结果

—— 三极管 h_{FE} 参数　合格 □　不合格 □

—— 电阻测量值为_____。

判断标准： h_{FE} 测量值在 h_{FE} 典型值表对应等级的范围内。

表8-1-2　h_{FE} 典型值对照表

等级	D	E	F	G	H	I	J
范围	64~91	78~112	96~135	112~166	144~202	190~300	300~400

检验员（IQC）签名_____

检验时间_____

（二）微型非自锁按钮开关品质检查

1.引脚图与功能说明

按钮弹起：
A1 与 A2 导通
B1 与 B2 导通
Ax 与 Bx 断开（x：1 或 2）

按钮按下：
A1 与 A2 导通
B1 与 B2 导通
Ax 与 Bx 导通（x：1 或 2）

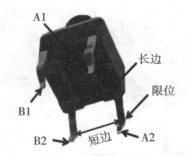

图 8-1-2　微型非自锁按钮开关引脚图

2.外观检验

表8-1-3　外观检验项目表

序号	检验项目	验收方法/工具	检查结果	完成时间
1	型号、品牌标记清晰可见	目测	□合格　□不合格	
2	封装无破损、无裂缝	目测	□合格　□不合格	
3	引脚规整，标识清晰可见	目测	□合格　□不合格	
4	按钮按压灵活，可自恢复	手工	□合格　□不合格	
5	检查开关通断性	万用表检测	□合格　□不合格	

检验员（IQC）签名_____

检验时间_____

3.检查开关通断性

采用数字万用表二极管挡,测试A引脚与B引脚之间的开关导通性。

1) 设置万用表

—— 选用数字万用表蜂鸣挡,红表笔插入二极管端,黑表笔插入公共端;

—— 红、黑表笔短接,表发出蜂鸣声说明工作正常。

2) 按钮弹起通断性检查

—— 黑表笔接A1引脚,红表笔接A2引脚。

—— 万用表蜂鸣声　有 □　无 □

—— A1引脚与A2引脚_____(导通/断开),合格 □　不合格 □

判断标准: A1 与 A2 导通。

—— 黑表笔接B1引脚,红表笔接B2引脚。

—— 万用表蜂鸣声　有 □　无 □

—— B1引脚与B2引脚_____(导通/断开),合格 □　不合格 □

判断标准: B1 与 B2 导通。

—— 黑表笔接Ax任一引脚,红表笔接Bx任一引脚。

—— 万用表蜂鸣声　有 □　无 □

—— Ax引脚与Bx引脚_____(导通/断开),合格 □　不合格 □

判断标准: Ax 与 Bx 断开。

3) 按钮按下通断性检查

—— 黑表笔接A1引脚,红表笔接A2引脚。

—— 万用表蜂鸣声　有 □　无 □

—— A1引脚与A2引脚_____(导通/断开),合格 □　不合格 □

判断标准: A1 与 A2 导通。

—— 黑表笔接B1引脚,红表笔接B2引脚。

—— 万用表蜂鸣声　有 □　无 □

—— B1引脚与B2引脚_____(导通/断开),合格 □　不合格 □

判断标准: Ax 与 Bx 导通。

—— 黑表笔接Ax任一引脚,红表笔接Bx任一引脚。

—— 万用表蜂鸣声　有 □　无 □

—— Ax引脚与Bx引脚_____(导通/断开),合格 □　不合格 □

判断标准: Ax 与 Bx 导通。

4) 检验结果

—— 微型非自锁按钮开关通断性　合格 □　不合格 □

检验员(IQC)签名_____

检验时间_____

（三）无极性贴片电容100pF品质检查

1.无极性贴片电容外形与引脚

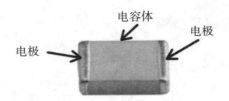

图8-1-3　无极性贴片电容外形与引脚

2.外观检验

表8-1-4　外观检验项目表

序号	检验项目	验收方法/工具	检查结果	完成时间
1	封装无破损、无鼓包	目测	□合格　□不合格	
2	电极镀锡规整，无脱落	目测	□合格　□不合格	

3.检查电容容量值与耐压值

采用数字万用表"⊣⊢"电容挡测量容量值，检验容量值是否合格。

1) 读标称值

CL21C101JB8nnnC（101—容量值，J—精度，B—耐压值）

—— 带盘上标注＿＿＿＿pF，最大耐压值＿＿＿＿V；

注：容量值＞10pF前两个数标识有效数，第三位数标识数量级，如106=10×106pF；

容量值＜10pF字母R表示小数点，如3R3 = 3.3pF；

耐压值 R—4V，Q—6.3V，P—10V，Q—16V，A—25V，L—36V，B—50V，C—100V，
　　　　D—200V，E—250V，G—500V，H—630V，I—1000V，J—2000V，K—3000V。

—— 精度：±5%。

注：以pF为单位 A— ±1.5pF，B— ±0.1pF，C— ±0.25pF，D— ±0.5pF；

以百分比为单位 J— ±5%，K— ±10%，M— ±20%，Z—80%-20%。

2) 检验实际误差

—— 数字万用表选择"mF"挡，红表笔插入"⊣⊢"电容端，黑表笔插入公共端；

—— 红表笔接一个电极，黑表笔接另一个电极；

—— 读容量测量值＿＿＿＿pF；

—— 实际误差=［(测量值-标称值)/标称值］×100%=（＿＿＿＿/＿＿＿＿）×100%=＿＿＿＿。

3) 检验结果

——无极性贴片电容容量值　合格□　不合格□

判断标准: 实际误差＜标称误差。

检验员(IQC)签名 _____

检验时间 _____

(四) 可调电阻3362P-10k品质检验

1.3326P可调电阻封装与引脚

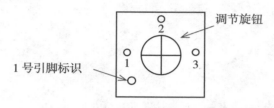

图8-1-4 3362P可调电阻封装与引脚顶部俯视图

2.外观检验

表8-1-5 外观检验项目表

序号	检验项目	验收方法/工具	检查结果	完成时间
1	型号、品牌标记清晰可见	目测	□合格 □不合格	
2	封装完整无破损	目测	□合格 □不合格	
3	引脚规整无缺	目测	□合格 □不合格	
4	引脚规整,标识清晰可见	目测	□合格 □不合格	

3.检验SPDT通断性

采用数字万用表欧姆挡,检验总阻值与分电阻阻值。

注: $R13$ 表示引脚1与3之间的电阻, $R13=R12+R23$。

1) 读标称值

—— 读可调电阻的标注为_____, 电阻为_____Ω;

—— 3362P-10k可调电阻允许误差是 ± 10%。

注: 10~1MΩ 的3362可调电阻允许误差是 ± 10%。

2) 设置万用表

—— 选用数字万用表欧姆挡≥20kΩ量程,红表笔插入"Ω"端,黑表笔插入公共端;

—— 红、黑表笔短接,表显0Ω,万用表工作正常。

3) 检验总阻值误差

—— 确认1、3引脚位置;

—— 红表笔可调电阻1脚,黑表笔接可调电阻3脚;

—— 表显示测量值＿＿＿＿＿Ω；

—— 实际误差＝[(测量值-标称值)/标称值]×100%＝(＿＿＿＿/＿＿＿＿)×100%＝＿＿＿＿。

—— 实际误差＿＿＿＿(>，=，<)标称误差　合格□　不合格□

判断标准：实际误差≤标称误差。

4) 检验总阻值误差

—— 确认1、2、3引脚位置；

—— 红表笔接可调电阻1脚，黑表笔接可调电阻3脚，所测值填入表8-1-6中第1行$R13$；

—— 红表笔接可调电阻1脚，黑表笔接可调电阻2脚，所测值填入表8-1-6中第1行$R12$；

—— 红表笔接可调电阻2脚，黑表笔接可调电阻3脚，所测值填入表8-1-6中第1行$R23$；

—— 用十字螺丝刀调节旋钮，重复以上步骤，所测值填表8-1-6中第2行$R13$、$R12$、$R23$。

表8-1-6　电阻测量值

序号	$R13$	$R12$	$R23$
1			
2			

—— 分电阻与总电阻的可调性　合格□　不合格□

判断标准：各分电阻值之和等于总电阻值。

5) 检验结果

—— 3362P-10k可调电阻品质检验　合格□　不合格□

检验员(IQC)签名＿＿＿＿＿＿＿＿＿＿＿

检验时间＿＿＿＿＿＿＿＿＿＿＿

(五) 电解电容47uF品质检查

1.电解电容封装与引脚

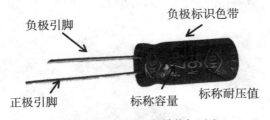

图8-1-5　电解电容封装与引脚

2. 外观检验

表8-1-7 外观检验项目表

序号	检验项目	验收方法/工具	检查结果	完成时间
1	型号、品牌标记清晰可见	目测	□合格　□不合格	
2	耐压值、标称值清晰可见	目测	□合格　□不合格	
3	封装无破损、无鼓包	目测	□合格　□不合格	
4	引脚规整、极性标识清晰可见	目测	□合格　□不合格	

3. 检验容量值与误差值

采用数字万用表"┤├"电容挡测量容量值,检验容量值是否合格。

1) 读标称值

—— 容量标称值_____,最大耐压值为_____V;

—— 常用电解电容允许误差为:±20%。

2) 检验准备

—— 数字万用表选择"mF"挡,红表笔插入"┤├"电容端,黑表笔插入公共端;

—— 用黑表笔探针短接电解电容的两个引脚,保持一段时间,给电容放电。

3) 实际误差

—— 红表笔接正极,黑表笔接负极,保持一段时间(5s以上);

—— 读容量测量值_____uF;

—— 实际误差=[(测量值-标称值)/标称值]×100%=(_____/_____)×100%=_____。

4) 检验结果

—— 电解电容容量值　合格□　不合格□

判断标准: 实际误差<标称误差。

检验员(IQC)签名_____

检验时间_____

(六)贴片电阻1001(102)品质检查

1. 贴片电阻封装与结构

图8-1-6　贴片电阻封装与结构

2. 外观检验

表8-1-8　外观检验项目表

序号	检验项目	验收方法/工具	检查结果	完成时间
1	标称值清晰可见	目测	□合格　□不合格	
2	封装无破损、无裂缝	目测	□合格　□不合格	
3	电极镀锡规整，无脱落	目测	□合格　□不合格	

3. 检验容量值与误差值

采用数字万用表欧姆挡测量阻值，计算测量值与标称值的误差。

1）读贴片电阻的标称值

贴片电阻标称值为_____，允许误差为_____。

注：四位数标法，前三个数为有效数字，第四位是数量级，如$1002=100×10^2=10k\Omega$；贴片电阻采用四位数标法，精度为1%。

2）设置万用表

—— 选用数字万用表欧姆挡≥20kΩ量程，红表笔插入"Ω"端，黑表笔插入公共端，红、黑表笔短接，表显0Ω；

—— 红表笔接一个电极，黑表笔接另一个电极，读表显阻值；

—— 电阻测量值_____Ω；

—— 实际误差=[（测量值−标称值）/标称值]×100%=(_____/_____)×100%=_____。

3）检验结果

—— 电阻阻值与误差　合格□　不合格□

判断标准：实际误差≤允许误差。

检验员（IQC）签名_____

检验时间_____

（七）512（5101）贴片电阻品质检查

1. 贴片电阻封装与结构

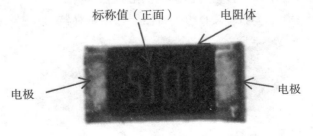

图8-1-7　贴片电阻封装与结构

2. 外观检验

表8-1-9　外观检验项目表

序号	检验项目	验收方法/工具	检查结果	完成时间
1	标称值清晰可见	目测	□ 合格　□ 不合格	
2	封装无破损、无裂缝	目测	□ 合格　□ 不合格	
3	电极镀锡规整,无脱落	目测	□ 合格　□ 不合格	

3. 检验容量值与误差值

采用数字万用表欧姆挡测量阻值,计算测量值与标称值的误差。

1) 读贴片电阻的标称值

贴片电阻标称值为＿＿＿＿＿＿,允许误差为＿＿＿＿＿＿。

注: 四位数标法,前三个数为有效数字,第四位是数量级,如 $1002=100\times10^2=10\mathrm{k}\Omega$；贴片电阻采用四位数标法,精度为1%。

2) 设置万用表

—— 选用数字万用表欧姆挡 $\geq 20\mathrm{k}\Omega$ 量程,红表笔插入"Ω"端,黑表笔插入公共端,红、黑表笔短接,表显 0Ω；

—— 红表笔接一个电极,黑表笔接另一个电极,读表显阻值；

—— 电阻测量值＿＿＿＿＿＿Ω；

—— 实际误差 = [(测量值−标称值)/标称值] × 100% = (＿＿＿＿＿/＿＿＿＿＿) × 100% = ＿＿＿＿＿＿。

3) 检验结果

—— 电阻阻值与误差　合格 □　不合格 □

判断标准: 实际误差 ≤ 允许误差。

检验员(IQC)签名＿＿＿＿＿＿＿＿＿＿＿＿

检验时间＿＿＿＿＿＿＿＿＿＿＿＿

(八) CD4013品质检查

1.《CD4013技术手册》(摘要)

CD4013是一款由2个独立D触发器组成的触发器芯片,每个D触发器实现异步置数R、S时,在CP上升沿触发下,Q = D。CD4013常用于移位寄存器、计数器或状态翻转机。

1) DIP14封装与引脚

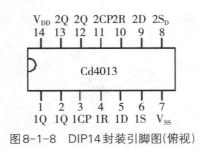

图 8-1-8 DIP14 封装引脚图(俯视)

表 8-1-10 "D 触发器"输入、输出引脚

DFF	输入				输出	
	CP	D	R	S	Q	Q'
FF1	3	4	5	6	1	2
FF2	11	9	10	8	13	12

CP　　同步触发脉冲输入端,上升沿有效
D　　 同步置数输入端,高电平有效
R/S　 异步置 0/ 置 1 输入端,高电平有效
Q/Q*　触发器状态 / 触发器状态取反输出端

2) 逻辑真值表

表 8-1-11 逻辑真值表

操作功能	输入				输出	
	CP	D	R	S	Q	Q'
同步置 0	↑	L	L	L	L	H
同步置 1	↑	H	L	L	H	L
保持	↓	X	L	L	Q	Q'
异步置 0	X	X	H	L	L	H
异步置 1	X	X	L	H	H	L

L—低电平　H—高电平　X—高电平/低电平

2.外观检验

表 8-1-12 外观检验项目表

序号	检验项目	验收方法/工具	检查结果	完成时间
1	型号、品牌标记清晰可见	目测	□合格 □不合格	
2	封装完整无破损	目测	□合格 □不合格	
3	引脚规整无缺,1号脚标注清晰	目测	□合格 □不合格	

3.CD4013逻辑功能检查

采用测试平台,搭建CD4013逻辑功能检查电路,通电验证同步置数、异步置数逻辑功能。

按照D触发器输入输出电平逻辑关系表设置输入电平,测试输出电平,观察是否与《CD4013技术手册》提供的真值表一致,如果一致,芯片工作正常。

1) CD4013 FF1 D触发器逻辑功能检查电路原理图

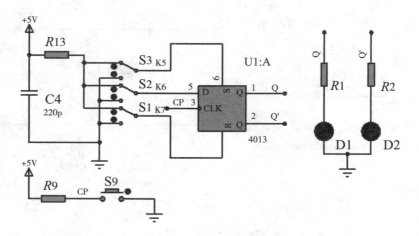

图8-1-9　CD4013 FF1 D触发器逻辑功能检查电路原理图

2）连接逻辑功能验证电路

在实训板"逻辑芯片品质检查"，按照图8-1-10所示，用跳线连接相同标号的端子，接好CD4013功能验证电路，确认电路连接良好。

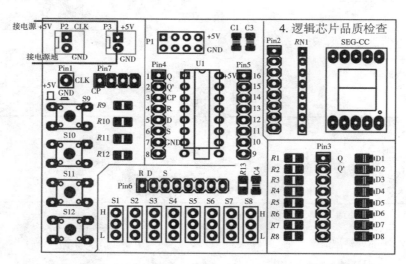

图8-1-10　CD4013 FF1 D触发器逻辑功能检查电路接线图

注：S9~S10初始状态为高电平。

3）确认芯片通电正常

—— S1~S8 = 0000 0000；

—— 电路接通"+5V"，选用万用表直流电压挡量程≥10V，确认红表笔插入表的电压端，黑表笔插入表的公共端；

—— 黑表笔接地，红表笔接测试引脚，如果测U1：+5V脚电压约为_____V，测芯U1：GND脚电压约为_____V。

—— 芯片供电　正常 □　不正常 □

判断标准： U1：+5V 与 U1：GND 之间的电压约为 5V。

表8-1-13　D触发器输入电平逻辑关系

行号	CP	D	R	S	Q	Q'
0	—	0	0	0		
1	↑	0	0	0		
2	↑	1	0	0		
3	↑	0	0	0		
4	—	x	0	1		
5	—	x	1	0		

4）检验同步置数功能

注： 开关输入信号—— 1/H，0/L，x/H或L；发光二极管输出信号—— 1/亮，0/灭。

初始状态

—— 观察D1、D2，结果填入表8-1-13第0行的Q、Q'。

同步置"0"

—— 按表8-1-13第1行D、R、S的值设置S1、S2、S3的电平；

—— 按一下S9，观察D1、D2，结果填入表8-1-13第1行的Q、Q'。

注： 按一下指先按下再松开

—— 同步置"0"功能　正常□　不正常□

判断标准： S9产生上升沿触发下，Q = 0，Q' = 1。

同步置"1"

—— 按表8-1-13第2行D、R、S的值设置S1、S2、S3的电平；

—— 按一下S9，观察D1、D2，结果填入表8-1-13第2行的Q、Q'。

—— 同步置"1"功能　正常□　不正常□

判断标准： S9产生上升沿触发下，Q = 1，Q' = 0。

同步置"0"

—— 按表8-1-13第3行D、R、S的值设置S1、S2、S3的电平；

—— 按一下S9，观察D1、D2，结果填入表8-1-13第3行的Q、Q'。

—— 同步置"0"功能　正常□　不正常□

判断标准： S9产生上升沿触发下，Q = 0，Q' = 1。

5）检验异步置数功能

异步置1功能

—— 按表8-1-13第4行D、R、S的值设置S1、S2、S3的电平；

—— 观察D1、D2，结果填入表8-1-13第4行的Q、Q'。

—— 异步置"1"功能　正常 □　不正常 □

判断标准: 只要R = 0, S = 1, Q=1, Q' = 0。

异步置0功能

—— 按表8-1-13第5行D、R、S的值设置S1、S2、S3的电平;

—— 观察D1、D2,结果填入表8-1-13第5行的Q、Q'。

—— 异步置"1"功能　正常 □　不正常 □

判断标准: 只要R = 1, S = 0, Q = 0, Q' = 1。

6) FF1 D触发器检验结论

—— CD4013 FF1 D触发器逻辑功能　正常 □　不正常 □

7) 检验FF2 D触发器

—— 参照DIP封装与引脚,用跳线分别连接S1、S2、S3、S9与FF2 D触发器的输入引脚R、D、S、CP;D1、D2与FF2 D触发器的输出引脚Q、Q';

—— 对FF2 D触发器,重复步骤3)~5)中的检验过程。

—— CD4013 FF2 D触发器逻辑功能　正常 □　不正常 □

8) 检验结果

—— CD4013集成的2个D触发器逻辑功能　正常 □　不正常 □

检验员(IQC)签名＿＿＿＿＿＿＿＿＿＿

检验时间＿＿＿＿＿＿＿＿＿＿

任务二 DR球管延时关机电路装接与质量检查

对应职业岗位 **OP/IPQC/FAE**

(一) 电路原理图

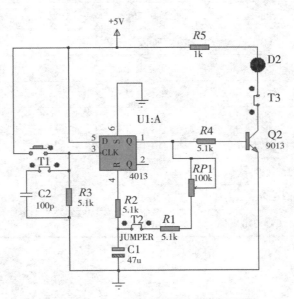

图 8-2-1 DR球管延时关机电路原理图

(二) 电路装配图

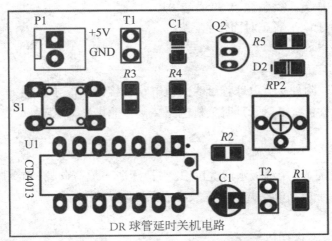

图 8-2-2 DR球管延时关机电路装配图

(三) 物料单(BOM)

表8-2-1　物料单表

物料名称	型号	封装	数量	备注
贴片电容	100p	0805C	1	
电解电容	47uF	RAD0.3	1	
贴片发光二极管	0805	0805D	1	绿色
电源插座	公插座	2510 2P	1	
NPN三极管	9013	TO92	1	
贴片电阻	5.1k	0805R	4	
贴片电阻	1k	0805R	1	
可调电阻	100k	3362P	1	
DIP14芯片座子	双列直插	DIP14	1	
轻触按钮	微型非自锁	KEY_X4P	1	
2P单排直插针	Header_2	SIP2	2	带跳线帽
D触发器芯片	CD4013	DIP14	1	

(四) 电路装接流程

1.准备工作台

—— 清理作业台面,不准存放与作业无关的东西;

—— 焊台与常用工具置于工具区(执烙铁手边),设置好焊接温度;

—— 待焊接元件置于备料区(非执烙铁手边);

—— PCB板置于施工者正对面作业区。

2.按作业指导书装接

—— 烙铁台通电;

—— 将元件按"附件9:DR球管延时关机电路装接作业指导书"整形好;

—— 执行"附件9:DR球管延时关机电路装接作业指导书"装配电路。

3.PCB清理

—— 关闭烙铁台电源,放好烙铁手柄;

—— 电路装配完成,用洗板水清洗PCB,去掉污渍、助焊剂残渣和锡珠;

—— 清洗并晾干成品电路并将其摆放在成品区。

4.作业现场6S

—— 清理工具,按区摆放整齐;

——清理工作台面,把多余元件上交;

——清扫工作台面,垃圾归入指定垃圾箱;

——擦拭清洁工作台面,清除污渍。

装接员(IQC)签名_____

检验时间_____

附件9:

产品名称：DR球管延时关机电路
产品型号：SDXS-08-04

DR球管延时关机电路装接作业指导书

文件编号：SDXS-08　　版本：1.0

发行日期：2022年5月11日　　第1页，共3页

作业名称：DR球管延时关机电路　　工序号：1

工具：调温烙铁台、镊子、焊锡、防静电手环

设备：放大镜

序号	物料名称	规格/型号	PCB标号	数量	备注
1	贴片电容	100pF/0805C	C2	1	
2	贴片电阻	5.1k/0805R	R1~R4	4	
3	贴片电阻	1k/0805R	R5	1	
4	贴片发光二极管	0805/0805D	D2	1	绿光

作业要求：

1. 对照物料表核对元器件型号，封装是否一致；
2. 烙铁温度为385℃，每个引脚焊接时长不能超过3s；
3. 逐个贴装R4、R5、R1、R2，图例中1示，字面朝上；
4. 贴装C1，100nF贴片电容，图例中2示，确认容量值；
5. 贴装D2，贴片发光二极管，图例中3示，引脚极性不能装错；
6. 贴装R3，10k贴片电阻，图例中4示，字面朝上；
7. 检查焊点，质量要至少达到可接受标点。
8. 装接完成要求清洁焊点。

注意事项

图例

1. 字面朝上 居中对齐
2. 容量值100pF 居中对齐
3. 负极、绿色 居中对齐
4. 字面朝上 居中对齐

阴极（K）　阴极（A）　正面PN结

背面标识 箭头指向阴极　发光二极管焊盘　阴极

产品名称: DR球管延时关机电路
产品型号: SDXS-08-04

文件编号: SDXS-08
版本: 1.0
发行日期: 2022年5月11日
第2页, 共3页

| | | | 工序号: 2 | | | |

作业名称: 插件1, IC座子、电解电容、跳线、可调电阻
工具: 调温烙铁台、镊子、焊锡、防静电手环
设备: 放大镜

	物料名称	规格/型号	PCB标号	数量	备注
1	IC插座	DIP-14	U1	1	
2	电解电容	47uF	C1	1	
3	2P跳线帽	2P跳线帽	T1, T2	2	
4	可调电阻	100K/3362P	RP1	1	

作业要求:
1. 对照物料表核对元器件型号, 封装是否一致;
2. 贴板装接U1, DIP14插座, 图例中1示, 缺口对齐;
3. 贴板装接C1, 47uF电解电容, 图例中2示, 极性对齐;
4. 贴板装接T1, T2, 2P跳线, 图例中3示, 注意长脚朝外;
5. 贴板装接RP, 10K可调电阻, 图例中4示, 1脚对齐;
6. 检查焊点, 质量要至少达到可接受标准;
7. 装接完成要清洁焊点。

注意事项:

图例:

正极 / 负极
正极 / 负极

4. 1 脚对齐
长脚
3. 焊接短脚长脚保留
2. 负极色带极性对齐
1. 缺口对齐紧贴板面

221

产品名称：DR球管延时关机电路
产品型号：SDXS-08-04

文件编号：SDXS-08
发行日期：2022年5月11日

版本：1.0
第3页，共3页

工序号：3

作业名称：插件2				
工具：调温烙铁台、镊子、焊锡、防静电手环				
设备：放大镜				
物料名称	规格/型号	PCB标号	数量	备注
1	轻触开关	按键(小4P)	S1	1
2	电源插座	2510 2P	P1	1
3	NPN三极管	9013/TO92	Q2	2

作业要求：
1. 对照物料表核对元器件型号、封装是否一致；
2. 限位安装S1、轻触开关，图例中1示，短边对齐；
3. 贴板安装P1、电源插座，图例中2示，定位边对齐；
4. 留缝安装Q2、NPN三极管，图例中3示，1脚对齐；
5. 检查焊点，质量要求至少达到可接受标准；
6. 装接完成要要清洁焊点。

注意事项：

图例：

1. 发射极（E）
2. 基极（B）
3. 集电极（C）

发射极
限位
短边
短边

3. 1脚对齐 留1~3mm空隙
2. 定位边对齐 紧贴板面
1. 短边对齐 深到限位

R5 R1 P1 R2 C1 Q2 C2 R4 T2 T1 R3 +5V GND P1 S1 U1 CD4013

（五）检测装接质量

采用数字万用表的蜂鸣挡来检测导线连接的两个引脚或端点是否连通。

1.外观检验

表8-2-2　外观检验项目表

序号	检验项目	验收方法/工具	检查结果	完成时间
1	引脚高于焊点＜1mm（其余剪掉）	目测	□ 合格　□ 不合格	
2	已清洁PCB板，无污渍	目测	□ 合格　□ 不合格	
3	焊点平滑光亮，无毛刺	目测	□ 合格　□ 不合格	

2.焊点导通性检测

1）分析电路的各焊点的连接关系

—— 请参照图8-2-1原理图，分析图8-2-2所示装配图各焊点之间的连接关系。

2）设置万用表

—— 确认红表笔插入"V/Ω"端，黑表笔接插入公共端，选用数字万用表的蜂鸣挡；

—— 红、黑表笔短接，万用表发出蜂鸣声，说明表工作正常。

3）检测电源是否短接

—— 红表笔接电源正极（VCC），黑表笔接电源负极（GND）；

—— 无声，表明电源无短接；有声，请排查电路是否短路。

4）检查线路导通性

—— 红、黑表笔分别与敷铜线两端的引脚或端点连接，数字万用表发出蜂鸣声，电路连接良好；

—— 无声，请排查电路是否断路；有声，表明电路正常；

—— 重复上一步骤，检验各个敷铜线两端的引脚或端点连接性能。

已经执行以上步骤，经检测确认电路装接良好，可以进行电路调试。

装接员（OP）签名＿＿＿＿＿＿＿＿＿＿

检验时间＿＿＿＿＿＿＿＿＿＿

任务三 DR球管延时关机电路分析与调试

适用对应职业岗位　AE/AEF/PCB　DE/PCB　TE

(一) 电路连接

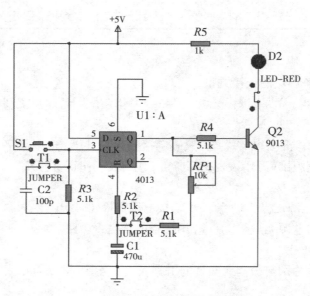

图8-3-1　DR球管延时关机电路原理图

请认真阅读DR球管延时关机电路原理图,完成以下任务:

1. 芯片CD4013功能分析

1) 芯片引脚识读

CD4013是D触发器,U1:3是时钟信号输入引脚,＿＿＿＿＿＿＿(上升沿/下降沿)有效,U1:4是异步＿＿＿＿＿＿＿(置1/置0)信号输入引脚,＿＿＿＿＿(高/低)电平有效,U1:6是异步＿＿＿＿＿＿＿(置1/置0)信号输入引脚,＿＿＿＿＿(高/低)电平有效。

2) 同步触发

当$RS = 00$时,在CLK＿＿＿＿＿＿＿(上升沿/下降沿)触发下,$Q = D$,即在CLK触发下,输入引脚U1:1的电平等于输入引脚U1:＿＿＿＿＿＿的电平。

3) 异步置0

当$RS = 10$时,$Q = 0$。

2. S1上升沿产生电路功能分析

1) 电路组成

电容C2与电阻R3_____(串/并)联,与U1:3,S1相连,C2为消抖电容。

2) 产生过程

S1按下状态,U1:1输入_____(高/低)电平;——S1弹起状态,U1:1输入_____(高/低)电平;即每按一下S1,CPK输入电平由_____电平到_____电平。

注:按一下指开关先按下,再弹起。

3. RC充放电电路功能

1) 电路组成

电阻RP1与_____串联,再与C1正极相连,组成RC充放电电路。

2) 充电过程

当U1:1输出高电平时(连接电源电压),电源通过RP1和R1给电容C1充电,电容C1两端电压随着时间增长不断向电源电压逼近。

3) 放电过程

当U1:1输出低电平时(连接电源地),电容C1正极通过RP1和R1对电源地放电,电容C1两端电压随着时间增长不断向"0"V逼近。

4. 9013功能分析

1) 电路组成

9013是_____(NPN/PNP)三极管,U1:1引脚与_____串联,再与9013的_____极连接。

2) 导通与截止

当U1:1输出高电平时,9013的C极与E极_____(导通/截止),D2_____(亮/灭);当U1:1输出低电平时,9013的C极与E极_____(导通/截止),D2_____(亮/灭)。

(二) 电路调试

已经按照《电路装接作业指导书》装配出如图8-3-2所示DR球管延时关机电路装配实物,并且通过装接质量检测流程,确认装接质量合格。

1. 整备电路

1) 按表8-3-1所示,把各个IC插入对应的IC插座,注意芯片方向。

表8-3-1 芯片安装型号表

PCB标号	IC型号
U1	CD4013

图8-3-2　DR球管延时关机电路装配实物图

2) 设置跳线。

如图8-3-2所示，T1、T2接好跳线帽。

2. 调试方法

电路正常工作，按一下S1按钮，观察D2是否亮一段时间后熄灭。

3. 调试过程

对照图8-3-1所示原理图与图8-3-2所示实物图，完成以下任务：

1) 给电路供+5V直流电压

—— 启动直流稳压电源，设置输出+5V电压；

—— 电源允许电压输出；

—— 选用万用表直流电压挡≥10V量程，红表笔接"V"端，黑表笔接公共端。

—— 测量值为DC_____V，电源供电　合格□　不合格□

判断标准：等于设定电压值。

——电源关闭电压输出，把电路板的供电端子与直流稳压电源输出连接好。

2) 检查芯片供电

—— 电源允许电压输出；

—— 选用数字万用表直流电压挡≥10V量程，红表笔接"V"端，黑表笔接公共端；

—— 红表笔接U1:14(Vcc)，黑表笔接U1:7(GND)，芯片供电电压为_____V。

—— 芯片U1供电　合格□　不合格□

判断标准：与电源输出电压相等。

3) 延时关灯功能调试

注：输入输出逻辑定义 1—H(高电平)，0—L(低电平)。

—— 确认D2处于熄灭状态；

—— 按一下S1，CP由_____电平变换成_____电平，产生一个上升沿；

—— D2_____(亮/灭)；

—— 等待一段时间(约S)，可观察到D2_____(亮/灭)；

—— 重复4次以上操作步骤。

4) 调试结论

当D2处于熄灭状态，每按一下S1，D2_____(亮/灭)，等待一段时间后，D2_____(亮/灭)。

思考题：

DR延时关机电路在生活中还可以用在哪些地方呢？请你想一想，能够通过增加其他功能模块，扩大它的应用场景吗？

测试工程师(TE) 签名＿＿＿＿＿＿＿＿＿＿＿＿

＿＿＿年＿＿＿月＿＿＿日＿＿＿时＿＿＿分

任务四 延时不关机典型故障检修

适用对应职业岗位 **AE/FAE**

(一) 典型故障现象：延时不关机

DR球管延时关机电路已经通过电路调试，验证性能、质量合格。请你参照图8-4-1所示原理图，完成以下任务：

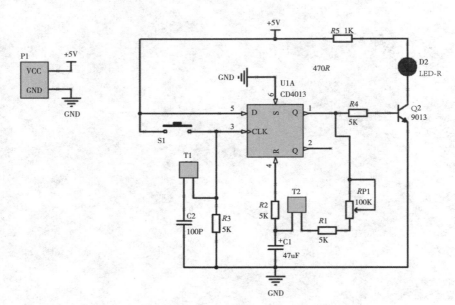

图8-4-1 DR球管延时关机电路原理图

(二) 电路正常工作

正常工作电路设置说明： T1、T2跳线连接好，每按一下S1，D2亮一段时间后熄灭。

1. 设置电路初始状态

——S1处于弹起状态；

——T1、T2连接；

——用十字螺丝刀顺时针轻轻调节RP1到底(转不动为止)；

——选用万用表电阻挡≥10kΩ量程，红表笔接"V/Ω"端，黑表笔接公共端；

—— 红、黑表笔短接,表显0Ω,万用表正常;

—— 红表笔接RP1:2,黑表笔接RP1:3,表显阻值为_____kΩ。

2.电路接DC+5V

—— 启动直流稳压电源,设置输出+5V电压;

—— 电源允许电压输出,电路通电。

3.测电路参数

1) 测量U1初始状态

—— 选万用表直流电压挡≥10V量程,红表笔接"V"端,黑表笔接公共端;

—— 黑表笔接地,红表笔测U1:3电位,结果填入表0行CP项;

注: 表中填入1或0,1表示高电平(H),0表示低电平(L)。

—— 红表笔测U1:5电位,结果填入表0行D项;

—— 红表笔测U1:4电位,结果填入表0行R项;

—— 红表笔测U1:6电位,结果填入表0行S项;

—— 红表笔测U1:1电位,结果填入表0行Q项;

—— 红表笔测U1:2电位,结果填入表0行Q'项。

2) S1按下状态,测U1状态

—— 按下S1,不松开;

—— 选万用表直流电压挡≥10V量程,红表笔接"V"端,黑表笔接公共端;

—— 黑表笔接地,红表笔测U1:3电位,结果填入表1行CP项;

—— 红表笔测U1:5电位,结果填入表1行D项;

—— 红表笔测U1:4电位,结果填入表1行R项;

—— 红表笔测U1:6电位,结果填入表1行S项;

—— 红表笔测U1:1电位,结果填入表1行Q项;

—— 红表笔测U1:2电位,结果填入表1行Q'项。

3) S1弹起瞬间,测U1状态

说明: 瞬间指很短暂的时间,本测试"瞬间"量化为时长<S。因测试中U1:1,U1:2,U1:4的电压会随着时间发生变化,可以采用当D2熄灭后,再按一下S1,使再处于弹起瞬间,每次弹起瞬间完成一个参数的测试。

—— 松开S1;

—— 选数字万用表电压挡≥10V量程,红表笔接"V"端,黑表笔接公共端;

—— 黑表笔接地,红表笔测U1:3电位,结果填入表2行CP项;

—— 红表笔测U1:5电位,结果填入表2行D项;

—— 红表笔测U1:4电位,结果填入表2行R项;

—— 红表笔测U1:6电位,结果填入表2行S项;

—— 红表笔测U1:1电位,结果填入表2行Q项;

—— 红表笔测U1:2电位,结果填入表2行Q'项。

表8-4-1　CD4013测试数据记录表

行号	CP	D	R	S	Q	Q'
0						
1						
2						

4）S1弹起后，万用表观测C1充放电过程

—— 确认D2处于熄灭状态；

—— 选万用表直流电压挡≥10V量程，红表笔接"V"端，黑表笔接公共端；

—— 黑表笔接地，红表笔接T2跳线帽金属端子，表显电位值为_____V；

—— 红表笔保持与T2跳线帽金属端子相接，按一下S1；

—— S1弹起瞬间，D2_____(亮/灭)，电压测量值开始_____(上升/下降)；

—— 当电压测量值上升到_____V时，D2_____(亮/灭)，电压测量值开始_____(上升/下降)，直到电压测量值为_____V。

5）S1弹起后，示波器观测RC充放电过程

说明：本次测试中，R指RP1与R1串联后的等效电阻，C指C1。根据示波器性能选做。

—— 确认D2处于熄灭状态；

—— 选用示波器CH1通道，接好信号输入测试线，校正CH1；

—— 设置CH1耦合方式为直接耦合；

—— CH1测试线接地线与地连接，探针接U1:1脚；

—— 手工设置CH1参数，时间轴2s/DIV，电压轴2V/DIV；

—— 按一下S1，在图8-4-2中绘制示波器显示的充放电波形。

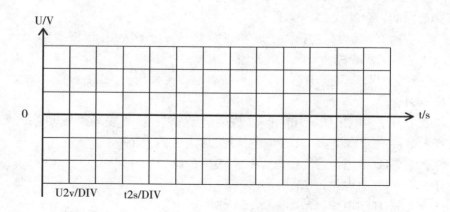

图8-4-2　RC充放电波形图

（三）延时不关机故障排除

模拟故障电路设置说明： 跳线T2断开，T1连接，模拟延时不关机故障。

1.电路通电
—— 确认跳线已按要求设置；
—— 确认按钮S1处于弹起状态；
—— 电源允许电压输出，电路通电。

2.观察故障现象
—— S1没有按下时，D2_____（亮/灭）；
—— 按一下S1，D2_____（亮/灭）；
—— 1分钟后，D2_____（亮/灭），而且D2一直_____（亮/灭）；
—— 故障描述：按一下S1，D2一直_____（亮/灭），即延时不关机。

3.故障原因分析
1）正常现象分析
电路通电后，按一下S1，D2能够由_____（亮/灭）转换为_____（亮/灭），对照电路原理图及电路功能分析，可以做如下推断：
—— 电源供电_____（正常/不正常）；
—— 发光二极管D2工作_____（正常/不正常）；
—— 三极管Q2工作_____（正常/不正常）；
—— 芯片U1工作_____（正常/不正常）。

思考题：
请参照电路分析，说明为什么可以根据D2的状态转换，可以推断Q2、U1工作状态？

2）故障现象分析
电路通电后，按一下S1，D2延时不关机，结合正常现象，对照电路原理图及电路功能分析，可以做如下分析推断：
—— U1的异步置零引脚R功能可能工作不正常；
—— 置零信号可能不能有效传递；
—— RC充电可能不正常，导致不能产生置零信号。

4.故障部位排查
1）排查对象
通过以上故障原因分析，推断故障可能出现在U1：4，RP1，R1，C1及它们的连接线之间。
2）排查方法
故障重现法，电压法。
3）排查过程
排查U1：4复位信号是否正常产生
—— 电路通电，供直流电压+5V；

—— 选万用表直流电挡 ≥ 10V量程,红表笔接"V"端,黑表笔接公共端;

—— 黑表笔接地,红表笔测U1:4脚,测量值为_____V,_____(高/低)电平;

—— 按一下S1键,持续观察电压表显示值,发现_____(有/无)变化。

分析:因U1(D触发器)在CP上升沿触发下,输出信号Q转换为高电平,再通过$RP1$,$R1$给C1充电,所以在S1按下再弹起后,C1两端的电压应该是持续上升,而实测电压始终不变,说明RC充电电路工作不正常。

结论:RC充电电路可能不正常、C1损坏。

排查RC充放电电路是否工作正常

—— 红表笔测U1:1电位,测量值_____V,_____(高/低)电平;

—— 红表笔测$RP1$:3电位,测量值_____V,_____(高/低)电平;

—— 红表笔测$R1$与T2连接的引脚电位,测量值_____V,_____(高/低)电平;

—— 红表笔测C1下极电位,测量值_____V,_____(高/低)电平。

分析:由于T2之前串联电路中所测电位值都_____(相等/不相等),而T2引脚两端的电位值出现_____(相等/突变)。

结论:C1与$R1$之间导线连接可能有问题,即T2处电路可能断开。

4) 排除故障

—— 电路掉电,用跳线帽连接T2两个引脚;

—— 电路通电,按一下S1键,D2正常点亮,并延时一段时间熄灭;

—— 故障现象消失,故障已解决。

测试工程师(TE)签名_____

_____年_____月_____日_____时_____分

项目九 呼吸机工作模式设置电路装调与检测

设计者：朱承志[①] **郭 刚**[②] **荣 华**[①] **邓志强**[③]

项目简介

　　数字医疗设备为了更好地服务患者，通常会将患者各种情况细化，以制定针对性的预置诊断或治疗功能，即工作模式。譬如常见的家用呼吸机，它一般有间隙正压通气、持续气道正压通气、压力支持通气等6种通气工作模式。这种工作模式设置电路通常采用由触发器按特定规律组成的状态机电路。

　　本次实训选用由JK触发器和其他元件组成的"呼吸机工作模式设置电路"模型，引导医学临床工程师完成电路分析与调试、工作模式缺失典型故障检修等4个任务；培养学习者能理解现态、次态的概念，并识读绘制状态表，能识读绘制状态图，能理解同步、异步置数的区别与作用，能按作业指导检查JK触发器品质，能分析状态机电路的结构与工作原理，能根据任务完成参数测量，能用信号注入法排查故障等职业岗位行动力，树立"不忘历史，不负韶华"的奋斗意识和"逻辑严谨，思路清晰"的做事方式。

① 湘潭医卫职业技术学院
② 湘潭市中心医院
③ 湘潭惠康医疗设备有限公司

（一）实训目的

1．职业岗位行动力

（1）能理解现态、次态的概念，并识读绘制状态表；

（2）能识读绘制状态图；

（3）能理解同步、异步置数的区别与作用；

（4）能按作业指导检查JK触发器品质；

（5）能分析状态机电路的结构与工作原理，能根据任务完成参数测量；

（6）能够用信号注入法排查故障。

2．职业综合素养

（1）树立"不忘历史，不负韶华"的奋斗意识；

（2）培养"逻辑严谨，思路清晰"的做事方式；

（3）培养"遵章作业，精益求精"的工匠精神；

（4）培养"分工协作，同心合力"的团队协作精神。

（二）实训工具

表9-0-1　实训工具表

名称	数量	名称	数量	名称	数量
数字直流稳压电源	1	锡丝、松香	若干	斜口钳	1
电路装接套件	1	防静电手环	1	调温烙铁台	1
数字万用表	1	镊子	1		

（三）实训物料

表9-0-2　实训物料表

物料名称	型号	封装	数量	备注
16P普通IC插座	双列直插	DIP16	1	
贴片电容	100pF	0805C	1	
NPN三极管	9013	TO92	2	
轻触按钮	微型非自锁	KEY_X4P	1	
贴片发光二极管	0805	0805D	2	高亮白光
贴片电阻	1K	RES0.4	4	
贴片电阻	10K	RES0.4	1	

(续表)

物料名称	型号	封装	数量	备注
2P单排直插针	Header_2	SIP2	2	带跳线帽
JK触发器芯片	74LS112	DIP16	1	
电源插座	公插座	2510 2P	2	

(四) 参考资料

(1)《74LS112技术手册》;
(2)《9013技术手册》;
(3)《数字可编程稳压电源使用手册》;
(4)《数字万用表使用手册》;
(5)《数字信号源使用手册》;
(6)《数字示波器使用手册》;
(7)《IPC-A-610E电子组件的可接受性要求》。

(五) 防护与注意事项

(1) 佩戴防静电手环或防静电手套,做好静电防护;
(2) 爱护仪器仪表,轻拿轻放,用完还原归位;
(3) 有源设备通电前要检查电源线是否破损,防止触电或漏电;
(4) 使用烙铁时,严禁甩烙铁,防止锡珠飞溅伤人,施工人员建议佩戴防护镜;
(5) 焊接时,实训场地要通风良好,施工人员建议佩戴口罩;
(6) 实训操作时,不得带电插拔元器件,防止尖峰脉冲损坏器件;
(7) 实训时,着装统一,轻言轻语,有序行动;
(8) 实训全程贯彻执行6S。

(六) 实训任务

任务一 元器件品质检查
任务二 呼吸机工作模式设置电路装接与质量检查
任务三 呼吸机工作模式设置电路分析与调试
任务四 工作模式缺失典型故障检修

任务一 元器件品质检查

对应职业岗位　**IQC/IPQC/AE**

（一）三极管9013/2N3904型TO92封装品质检验

1.9013型TO92三极管封装与引脚

1. 发射极（E）
2. 基极（B）
3. 集电极（C）

图9-1-1　9013型TO92三极管封装与引脚

2.外观检验

表9-1-1　外观检验项目表

序号	检验项目	验收方法/工具	检查结果	完成时间
1	型号、品牌标记清晰可见	目测	□合格　□不合格	
2	封装完整无破损	目测	□合格　□不合格	
3	引脚规整无缺	目测	□合格　□不合格	

3.检验NPN三极管电流放大倍数h_{FE}

采用数字万用表测量三极管的h_{FE}参数,检验三极管功能是否正常。

1) 设置万用表

—— 选用数字万用表的h_{FE}挡位。

2) 测试h_{FE}参数

—— 9013三极管插入万用表"NPN"测试口,引脚号与万用表"NPN"插座号一致;

—— 手向下按紧三极管,确保引脚与测试口接触良好;

—— 读表显h_{FE}为_____。

3) 检验结果

—— 三极管 h_{FE} 参数　合格 □　不合格 □

判断标准: h_{FE} 测量值在 h_{FE} 典型值表对应等级的范围内。

表9-1-2　h_{FE} 典型值表

等级	D	E	F	G	H	I	J
范围	64~91	78~112	96~135	112~166	144~202	190~300	300~400

检验员(IQC)签名 _____

检验时间 _____

(二) 贴片发光二极管品质检验

1. 贴片发光二极管封装与电极

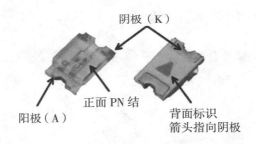

图9-1-2　贴片发光二极管0805D封装与结构

2. 外观检验

表9-1-3　外观检验项目表

序号	检验项目	验收方法/工具	检查结果	完成时间
1	型号、品牌标记清晰可见	目测	□合格　□不合格	
2	封装完整无破损	目测	□合格　□不合格	
3	电极规整无缺,极性标记清晰	目测	□合格　□不合格	

3. 检验发光二极管单向导通性

采用数字万用表二极管挡,测试正向发光(饱和),反向电阻无穷大(截止)。

1) 设置万用表

—— 选用万用表,红表笔接 "V/Ω/A" 端,黑表笔接公共端;

—— 选择二极管挡,红、黑表笔短接,万用表发出蜂鸣声,确认万用表工作正常。

2) 检测正向饱和性

—— 红表笔接发光二极管阳极(A)引脚,黑表笔发光二极管阴极(K)引脚;

—— 发光二极管发光,正向导通。

3) 检测反向截止性

—— 红表笔接发光二极管阴极(K)引脚,黑表笔发光二极管阳极(A)引脚;

—— 数字万用表显示电阻无穷大。

4) 检验结果

—— 发光二极管正向导通性　合格□　不合格□

判断标准: 二极管发光。

—— 发光二极管反向截止性　合格□　不合格□

判断标准: 反向电阻无穷大。

检验员(IQC)签名＿＿＿＿＿＿＿＿＿＿＿

检验时间＿＿＿＿＿＿＿＿＿＿＿

(三) 无极性贴片电容100pF品质检查

1.无极性贴片电容外形与引脚

电容体

电极

电极

图9-1-3　无极性贴片电容外形与引脚

2.外观检验

表9-1-4　外观检验项目表

序号	检验项目	验收方法/工具	检查结果	完成时间
1	封装无破损、无鼓包	目测	□合格　□不合格	
2	电极镀锡规整,无脱落	目测	□合格　□不合格	

3.检查电容容量值与耐压值

采用数字万用表"┤├"电容挡测量容量值,检验容量值是否合格。

1) 读标称值

C CL21C106KCFNNC(104—容量值, K—精度, C—耐压值)

—— 带盘上标注＿＿＿＿＿pF,最大耐压值＿＿＿＿＿V;

注：容量值＞10pF前两个数标识有效数，第三位数标识数量级，如106=10×106pF；

　　　容量值＜10pF字母R表示小数点，如3R3＝3.3pF；

　　　耐压值 R—4V，Q—6.3V，P—10V，Q—16V，A—25V，L—36V，B—50V，C—100V，

　　　　　　D—200V，E—250V，G—500V，H—630V，I—1000V，J—2000V，K—3000V。

—— 精度：±5%。

注：以pF为单位 A—±1.5pF，B—±0.1pF，C—±0.25pF，D—±0.5pF；

　　以百分比为单位 J—±5%，K—±10%，M—±20%，Z—+80%−20%。

2) 检验实际误差

—— 数字万用表选择"mF"挡，红表笔插入"╢╟"电容端，黑表笔插入公共端；

—— 红表笔接一个电极，黑表笔接另一个电极；

—— 读容量测量值_____nF；

—— 实际误差=[(测量值−标称值)/标称值]×100%=(_____/_____)×100%=_____。

3) 检验结果

—— 无极性贴片电容容量值　合格 □　不合格 □

判断标准：实际误差＜标称误差。

检验员(IQC)签名_____

检验时间_____

(四) 贴片电阻1K品质检查

1.贴片电阻封装与结构

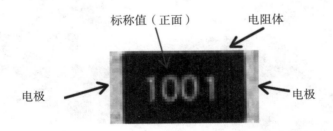

标称值（正面）　　电阻体

电极　　　　电极

图9-1-4　贴片电阻封装与结构

2.外观检验

表9-1-5　外观检验项目表

序号	检验项目	验收方法/工具	检查结果	完成时间
1	标称值清晰可见	目测	□合格 □不合格	
2	封装无破损、无裂缝	目测	□合格 □不合格	
3	电极镀锡规整，无脱落	目测	□合格 □不合格	

3.检验容量值与误差值

采用数字万用表欧姆挡测量阻值,计算测量值与标称值的误差。

1) 读贴片电阻的标称值

贴片电阻标称值为_____,允许误差为_____。

注:四位数标法,前三个数为有效数字,第四位是数量级,如$1002=100\times10^2=10k\Omega$;

贴片电阻采用四位数标法,精度为1%。

2) 设置万用表

—— 选用数字万用表欧姆挡≥20kΩ量程,红表笔插入"Ω"端,黑表笔插入公共端,红、黑表笔短接,表显0Ω;

—— 红表笔接一个电极,黑表笔接另一个电极,读表显阻值;

—— 电阻测量值_____Ω;

—— 实际误差=[(测量值−标称值)/标称值]×100%=(_____/_____)×100%=_____。

3) 检验结果

—— 电阻阻值与误差　合格 □　不合格 □

判断标准:实际误差≤允许误差。

检验员(IQC)签名_____

检验时间_____

(五) 10kΩ贴片电阻品质检查

1.贴片电阻封装与结构

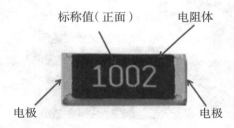

标称值(正面)　　电阻体

1002

电极　　　　电极

图9-1-5　贴片电阻封装与结构

2.外观检验

表9-1-6　外观检验项目表

序号	检验项目	验收方法/工具	检查结果	完成时间
1	标称值清晰可见	目测	□合格　□不合格	
2	封装无破损、无裂缝	目测	□合格　□不合格	
3	电极镀锡规整,无脱落	目测	□合格　□不合格	

3.检验容量值与误差值

采用数字万用表欧姆挡测量阻值,计算测量值与标称值的误差。

1) 读贴片电阻的标称值

贴片电阻标称值为_____,允许误差为_____。

注: 四位数标法,前三个数为有效数字,第四位是数量级,如 $1002=100\times10^2=10k\Omega$;贴片电阻采用四位数标法,精度为 1%。

2) 设置万用表

—— 选用数字万用表欧姆挡≥ $20k\Omega$ 量程,红表笔插入"Ω"端,黑表笔插入公共端,红、黑表笔短接,表显 0Ω;

—— 红表笔接一个电极,黑表笔接另一个电极,读表显阻值;

—— 电阻测量值_____ Ω;

—— 实际误差= [(测量值-标称值)/标称值] $\times100\%$= (_____ / _____) $\times100\%$= _____。

3) 检验结果

—— 电阻阻值与误差　合格 □　不合格 □

判断标准: 实际误差≤允许误差。

检验员(IQC)签名_____

检验时间_____

(六) 微型非自锁按钮开关品质检查

1.引脚图与功能说明

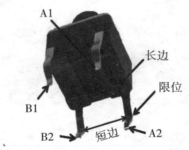

按钮弹起:
A1 与 A2 导通
B1 与 B2 导通
Ax 与 Bx 断开(x: 1 或 2)

按钮按下:
A1 与 A2 导通
B1 与 B2 导通
Ax 与 Bx 导通(x: 1 或 2)

图9-1-6　微型非自锁按钮开关引脚图

2.外观检验

表9-1-7　外观检验项目表

序号	检验项目	验收方法/工具	检查结果	完成时间
1	型号、品牌标记清晰可见	目测	□合格 □不合格	
2	封装无破损、无裂缝	目测	□合格 □不合格	

(续表)

序号	检验项目	验收方法/工具	检查结果	完成时间
3	引脚规整,标识清晰可见	目测	□合格 □不合格	
4	按钮按压灵活,可自恢复	手工	□合格 □不合格	

3.检查开关通断性

采用数字万用表二极管挡,测试A引脚与B引脚之间的开关导通性。

1) 设置万用表

—— 选用数字万用表蜂鸣挡,红表笔插入二极管端,黑表笔插入公共端;

—— 红、黑表笔短接,万用表发出蜂鸣声,说明表工作正常。

2) 按钮弹起通断性检查

—— 黑表笔接A1引脚,红表笔接A2引脚。

—— 万用表蜂鸣声 有 □ 无 □

—— A1引脚与A2引脚_____(导通/断开),合格 □ 不合格 □

判断标准: A1 与 A2 导通。

—— 黑表笔接B1引脚,红表笔接B2引脚。

—— 万用表蜂鸣声 有 □ 无 □

—— B1引脚与B2引脚_____(导通/断开),合格 □ 不合格 □

判断标准: B1 与 B2 导通。

—— 黑表笔接Ax任一引脚,红表笔接Bx任一引脚。

—— 万用表蜂鸣声 有 □ 无 □

—— Ax引脚与Bx引脚_____(导通/断开),合格 □ 不合格 □

判断标准: Ax 与 Bx断开。

3) 按钮按下通断性检查

—— 黑表笔接A1引脚,红表笔接A2引脚。

—— 万用表蜂鸣声 有 □ 无 □

—— A1引脚与A2引脚_____(导通/断开),合格 □ 不合格 □

判断标准: A1 与 A2 导通。

—— 黑表笔接B1引脚,红表笔接B2引脚。

—— 万用表蜂鸣声 有 □ 无 □

—— B1引脚与B2引脚_____(导通/断开),合格 □ 不合格 □

判断标准: Ax 与 Bx导通。

—— 黑表笔接Ax任一引脚,红表笔接Bx任一引脚。

—— 万用表蜂鸣声 有 □ 无 □

—— Ax引脚与Bx引脚_____(导通/断开),合格 □ 不合格 □

判断标准: Ax 与 Bx导通。

4) 检验结果

—— 微型非自锁按钮开关通断性　合格 □　不合格 □

检验员(IQC)签名 _____

检验时间 _____

(七) 直插JK触发器芯片74LS112品质检测

1.《74LS112技术手册》(摘要)

74LS112是一款由2个独立JK触发器组成的触发器芯片,每个JK触发器具有独立的异步置数功能端R、S,同步置数端CLK、J、K和触发器状态输出端Q、Q'。74LS112常用于双稳态触发器、分频器、计数器、循环状态机等电路。

1) DIP16封装与引脚

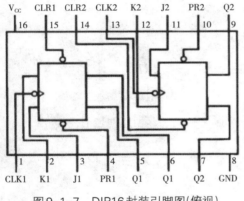

图9-1-7　DIP16封装引脚图(俯视)

表9-1-8　"JK触发器"输入、输出引脚对照表

JK FF	输入					输出	
	CLK	K	J	PR'	CLR'	Q	Q'
FF1	1	2	3	4	15	5	6
FF2	13	12	11	10	14	9	7

CLK　　同步触发脉冲输入端,上升沿有效
J/K　　异步置0/ 置1 输入端,高电平有效
PR/CLR　异步置0/ 置1 输入端,低电平有效
Q/Q*　　触发器状态/ 触发器状态取反输出端

2) 逻辑真值表

表9-1-9　逻辑真值表

操作功能	CLK	PR'	CLR'	J	K	Q	Q'
异步置1	X	L	H	X	X	1	0
异步置0	X	H	L	X	X	0	1
不定态	X	L	L	X	X	Q	Q'
翻转	↓	H	H	H	H	Q'	q
同步置1	↓	H	H	H	l	h	L
同步置0	↓	H	H	l	H	L	H
保持	↓	H	H	l	l	q	Q'

L, l—低电平;H, h—高电平;X—高电平/低电平

l, h(q) —CLK下降沿触发前触发器输入或输出的状态

Q, Q'—CLK下降沿触发后触发器Q的输出状态

2.外观检验

表9-1-10　外观检验项目表

序号	检验项目	验收方法/工具	检查结果	完成时间
1	型号、品牌标记清晰可见	目测	□合格　□不合格	
2	封装完整无破损	目测	□合格　□不合格	
3	引脚规整无缺,1号脚标注清晰	目测	□合格　□不合格	

3.74LS112功能检查

采用测试平台,搭建74LS112测试电路。

按照JK触发器输入输出电平逻辑关系表设置输入电平,测试输出电平,观察是否与《74LS112技术手册》提供的真值表一致,如果一致,芯片就可以工作正常。

1) 74LS112 FF1 Jk触发器逻辑功能检查电路原理图

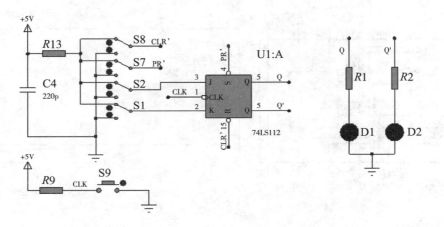

图9-1-8　74LS112 FF1 JK触发器逻辑功能检查电路原理图

2)连接逻辑功能验证电路

在实训板"逻辑芯片品质检查"测试区,按照图9-1-9所示,用跳线连接相同标号的端子,接好CD4013功能验证电路,确认电路连接良好。

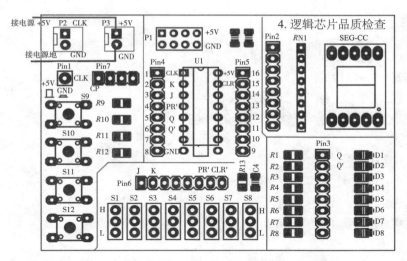

图9-1-9 74LS112 FF1 JK触发器逻辑功能检查电路接线图

S9~S12初始状态为1/H D1~D8初始状态为亮/1

3) 确认芯片通电正常

—— 电路接DC+5V；

—— 数字万用表选用直流电压挡量程≥10V，确认红表笔插入电压端，黑表笔插入公共端；

—— 黑表笔接地，红表笔接测试引脚，如果测U1:16脚电压约为＿＿＿＿V，测芯U1:8脚电压约为＿＿＿＿V。

—— 芯片供电 正常□ 不正常□

判断标准： U1:16与U1:8之间的电压约为5V。

表9-1-11 JK触发器输入输出电平逻辑关系表

行号	CLK	PR'	CLR'	J	K	Q^n	Q^{n+1}
0	↓	1	1	0	0		
1	↓	1	1	0	0		
2	↓	1	1	0	1		
3	↓	1	1	0	1		
4	↓	1	1	1	0		
5	↓	1	1	1	0		
6	↓	1	1	1	1		
7	↓	1	1	1	1		
8	x	0	1	x	x		
9	x	1	0	x	x		

输入信号—1/H,0/L,x/H或L,↓下降沿有效；输出信号—1/亮,0/灭 Q^n—CLK触发前触发器Q输出状态，Q^{n+1}—CLK触发后触发器Q输出状态

4）验证异步置数功能

异步置1功能

—— 观察D1亮/灭，结果填入第8行，Q^n；

—— 按表9-1-11第8行的值，设置S7接L，S8接H，S1、S2接H/L；

—— 观察D1亮/灭，结果填入第8行，Q^{n+1}。

—— 异步置"1"功能　正常□　不正常□

判断标准：只要PR'= L，CLR'= H，则D1亮，即$Q^{n+1} = 1$。

验证异步置0功能

—— 观察D1亮/灭，结果填入第9行，Q^n；

—— 按表9-1-11第9行的值，设置S7接H，S8接L，S1、S2接H/L；

—— 观察D1亮/灭，结果填入第9行，Q^{n+1}。

—— 异步置"0"功能　正常□　不正常□

判断标准：只要PR'=H，CLR'= L，则D1灭，即$Q^{n+1} = 0$。

5）验证同步功能

同步保持0

—— 设置S8先接L，再接H；

—— 观察D1亮/灭，结果填入第1行，Q^n；

—— 按表9-1-11第0行的值，设置S7、S8、S1、S2电平；

—— 按一下S9；

注：按一下——按下立即松开。

—— 观察D1亮/灭，结果填入第0行，Q^{n+1}。

—— 同步保持0功能　正常□　不正常□

判断标准：只要PR'= H，CLR'= H，J = L，K=L，触发后D1不变，即$Q^{n+1} = Q^n = 0$。

同步保持1

—— 设置S7先接L，再接H；

—— 观察D1亮/灭，结果填入第1行，Q^n；

—— 按表9-1-11第1行的值，设置S7、S8、S1、S2电平；

—— 按一下S9；

注：按一下——按下立即松开。

—— 观察D1亮/灭，结果填入第1行，Q^{n+1}。

—— 同步保持1功能　正常□　不正常□

判断标准：只要PR'= H，CLR'= H，J = L，K= L，触发后D1不变，即$Q^{n+1} = Q^n = 1$。

6）验证异步置数功能

同步置0

—— 观察D1亮/灭，结果填入第2行，Q^n；

—— 按表9-1-11第2行的值，设置S7、S8、S1、S2电平；

—— 按一下S9；

注：按一下——按下立即松开。

—— 观察D1亮/灭,结果填入第2行,Q^{n+1};

—— 观察D1亮/灭,结果填入第3行,Q^n;

—— 按表9-1-11第3行的值,设置S7、S8、S1、S2电平;

—— 按一下S9;

注: 按一下——按下立即松开。

—— 观察D1亮/灭,结果填入第3行,Q^{n+1}。

—— 同步置"0"功能   正常 □   不正常 □

判断标准: 只要PHR' = H,CLR' = H,J = L,K = H,触发后D1灭,即$Q^{n+1} = 1$。

同步置1

—— 观察D1亮/灭,结果填入第4行,Q^n;

—— 按表9-1-11第4行的值,设置S7、S8、S1、S2电平;

—— 按一下S9;

注: 按一下——按下立即松开。

—— 观察D1亮/灭,结果填入第4行,Q^{n+1};

—— 观察D1亮/灭,结果填入第5行,Q^n;

—— 按表9-1-11第5行的值,设置S7、S8、S1、S2电平;

—— 按一下S9;

注: 按一下——按下立即松开。

—— 观察D1亮/灭,结果填入第5行,Q^{n+1}。

—— 同步置"1"功能   正常 □   不正常 □

判断标准: 只要PR' = H,CLR' =H,J=L,K=H,触发后D1亮,即$Q^{n+1} = 1$。

同步翻转

—— 观察D1亮/灭,结果填入第6行,Q^n;

—— 按表9-1-11第6行的值,设置S7、S8、S1、S2电平;

—— 按一下S9;

注: 按一下——按下立即松开。

—— 观察D1亮/灭,结果填入第6行,Q^{n+1};

—— 观察D1亮/灭,结果填入第7行,Q^n;

—— 按表9-1-11第7行的值,设置S7、S8、S1、S2电平;

—— 按一下S9;

注: 按一下——按下立即松开。

—— 观察D1亮/灭,结果填入第7行,Q^{n+1}。

—— 同步翻转功能   正常 □   不正常 □

判断标准: 只要PR' = H,CLR' = H,J = H,K = H,触发后D1亮灭转换,即Q翻转。

7) FF1 D触发器检验结论

—— 74LS112 FF1 JK触发器逻辑功能   合格 □   不合格 □

8) 检验FF2 D触发器

—— 参照DIP16封装与引脚,用跳线分别连接S1、S2、S7、S8、S9与FF2 D触发器的输入引脚J、K、PR'、CLR'、CLK；D1、D2与FF2 JK触发器的输出引脚Q、Q'；

　　——对FF2 JK触发器，重复步骤3)~6)中的检验过程。

　　——74LS112 FF2 JK触发器逻辑功能　　正常 □　　不正常 □

9) 检验结果

　　——74LS112集成的2个JK触发器逻辑功能　　正常 □　　不正常 □

检验员(IQC)签名＿＿＿＿＿＿＿＿＿＿

检验时间＿＿＿＿＿＿＿＿＿＿

任务二 呼吸机工作模式设置电路装接与质量检查

对应职业岗位 **OP/IPQC/FAE**

(一) 电路原理图

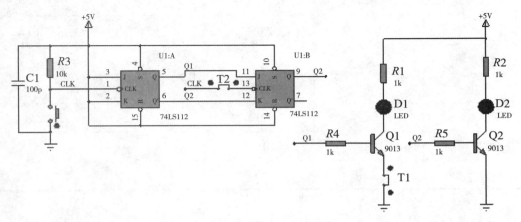

图 9-2-1 呼吸机工作模式设置电路原理图

(二) 电路装配图

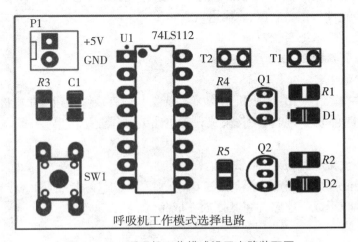

图 9-2-2 呼吸机工作模式设置电路装配图

(三) 物料单(BOM)

表9-2-1　物料单表

物料名称	型号	封装	数量	备注
16P普通IC插座	双列直插	DIP16	1	
贴片电容	100pF	0805C	1	
NPN三极管	9013	TO92	2	
轻触按钮	微型非自锁	KEY_X4P	1	
贴片发光二极管	0805	0805D	2	高亮白光
贴片电阻	1K	RES0.4	4	
贴片电阻	10K	RES0.4	1	
2P单排直插针	Header_2	SIP2	2	带跳线帽
JK触发器芯片	74LS112	DIP16	1	
电源插座	公插座	2510 2P	2	

(四) 电路装接流程

1. 准备工作台

—— 清理作业台面,不准存放与作业无关的东西;

—— 焊台与常用工具置于工具区(执烙铁手边),设置好焊接温度;

—— 待焊接元件置于备料区(非执烙铁手边);

—— PCB板置于施工者正对面作业区。

2. 按作业指导书装接

—— 烙铁台通电;

—— 将元件按"附件10:呼吸机工作模式设置电路装接作业指导书"整形好;

—— 执行"附件10:呼吸机工作模式设置电路装接作业指导书"装配电路。

3. PCB清理

—— 关闭烙铁台电源,放好烙铁手柄;

—— 电路装配完成,用洗板水清洗PCB,去掉污渍、助焊剂残渣和锡珠;

—— 清洗并晾干成品电路并将其摆放在成品区。

4. 作业现场6S

—— 清理工具,按区摆放整齐;

——清理工作台面，把多余元件上交；

——清扫工作台面，垃圾归入指定垃圾箱；

——擦拭清洁工作台面，清除污渍。

装接员（IQC）签名_____

检验时间_____

附件10：

呼吸机工作模式设置电路装接作业指导书

文件编号：SDXS-09　　版本：4.0

发行日期：2022年5月11日　　第1页，共3页

产品名称：呼吸机工作模式设置电路

产品型号：SDXS-09-04

作业名称：贴片电阻、电容、发光二极管装接			工序号：1		
工具：调温烙铁台、镊子、焊锡、防静电手环					
设备：放大镜					
	物料名称	规格/型号	PCB标号	数量	备注
1	贴片电阻	1K/0805	R1、R2、R4、R5	4	
2	贴片电阻	10K/0805	R3	1	
3	贴片电容	100pF/0805C	C1	1	
4	贴片发光二极管	0805/0805D	D1、D2	2	白光

作业要求

1. 对照物料表核对元器件型号，封装是否一致；
2. 烙铁通电，烙铁温度为350℃；
3. 逐个装接R4、R5、R1、R2，图例中1示，字面朝上；
4. 装接R3，10k贴片电阻，图例中2示，字面朝上；
5. 装接C1，100nF贴片电容，图例中3示，确认容量值；
6. 装接D1、D2，图例4示，引脚极性不能装错。

注意事项

图例

阴极

LED焊盘

背面标识指向K（N）极

K（N）极

正面发光绿边指向K（N）极

A（P）

4. 负极，绿色

1. 字面朝上　1001

3. 容量值100pF

2. 字面朝上　1002

10. 呼吸机工作模式选择电路

74LS112

252

项目九 呼吸机工作模式设置电路装调与检测

产品名称：呼吸机工作模式设置电路
产品型号：SDXS-09-04

文件编号：SDXS-09
版本：4.0
发行日期：2022年5月11日
第2页，共3页

	作业名称：插件1，IC插座、电源插座、2P跳线	工序号：2
	工具：防静电手环、调温烙铁台、斜口钳、焊锡	
	设备：镊子、十字螺丝刀	

	物料名称	规格/型号	PCB标号	数量	备注
1	16P方孔IC插座	双列直插座/DIP16	U1	1	
2	电源插座	公插座/2510 2P	P1	1	
3	2P单排直插针	Header_2/SIP2	T1、T2	2	带跳线帽

作业要求：
1. 对照物料表核对元器件型号、封装是否一致；
2. 烙铁通电，烙铁温度为350℃；
3. 贴板装接U1，DIP16插座，图例中1示，缺口对齐；
4. 贴板装接P1，电源插座，图例中2、3示，注意方向与贴板；
5. 贴板装接T1、T2，2P跳线，图例中4示，注意长脚朝外；
6. 焊接完成，剪去焊脚多余引脚。

注意事项

图例

1. 缺口对齐
2. 定位边
3. 底部紧贴PCB板面
4. 长脚朝外

长脚

产品名称：呼吸机工作模式设置电路　　文件编号：SDXS-09　　版本：1.0

产品型号：SDXS-09-04　　发行日期：2022年5月11日　　第3页，共3页

作业名称：插件2，轻触按钮，NPN三极管	工序号：3		物料名称	规格/型号	PCB标号	数量	备注
工具：镊子、防静电手环、调温烙铁台、斜口钳、焊锡		1	轻触按钮	微型非自锁	SW1	1	
设备：放大镜		2	NPN三极管	9013/TO92	Q1、Q2	2	

图例

P1
+5V
GND
U1
74LS112
R3
C1
SW
T2
T1
R4
R5
Q1
Q2
R1
D1
R2
D2
10. 呼吸机工作模式选择电路
1. 短边对齐
深到限位
2. 1 脚对齐
留 1~3mm 空隙

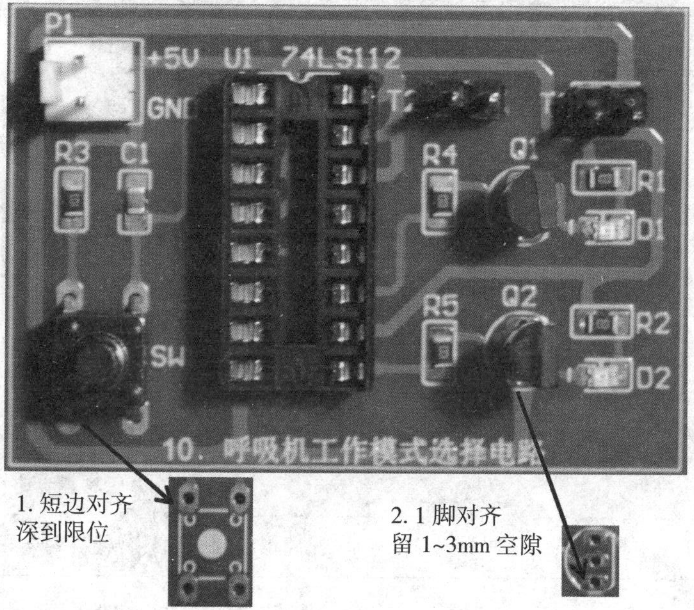

作业要求

1.对照物料表核对元器件型号、封装是否一致；
2. 如图例所示，先装接T1、T2，注意长脚朝外；
3. 如图例所示，再装接Q1、Q2；注意弧边对齐，引脚与板面保持1~3mm空隙。

注意事项

短边
限位
短边
1 2 3
1. 发射极（E）
2. 基极（B）
3. 集电极（C）
1. 发射极

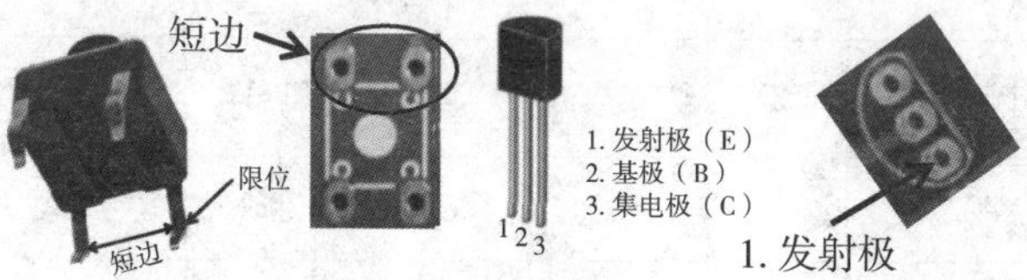

（五）检测装接质量

采用数字万用表的蜂鸣挡来检测导线连接的两个引脚或端点是否连通。

1. 外观检验

表9-2-2　外观检验项目表

序号	检验项目	验收方法/工具	检查结果	完成时间
1	引脚高于焊点＜1mm(其余剪掉)	目测	□ 合格　□ 不合格	
2	已清洁PCB板,无污渍	目测	□ 合格　□ 不合格	
3	焊点平滑光亮,无毛刺	目测	□ 合格　□ 不合格	

2. 焊点导通性检测

1) 分析电路的各焊点的连接关系

—— 请参照图9-2-1原理图,分析图9-2-2所示装配图各焊点之间的连接关系。

2) 设置万用表

—— 确认红表笔插入"V/Ω"端,黑表笔接插入公共端,选用数字万用表的蜂鸣挡;

—— 红、黑表笔短接,万用表发出蜂鸣声,说明表工作正常。

3) 检测电源是否短接

—— 红表笔接电源正极(VCC),黑表笔接电源负极(GND);

—— 无声,表明电源无短接;有声,请排查电路是否短路。

4) 检查线路导通性

—— 红、黑表笔分别与敷铜线两端的引脚或端点连接,万用表发出蜂鸣声,电路连接良好;

—— 无声,请排查电路是否断路;有声,表明电路正常;

—— 重复上一步骤,检验各个敷铜线两端的引脚或端点连接性能。

已经执行以上步骤,经检测确认电路装接良好,可以进行电路调试。

装接员(OP)签名_____

检验时间_____

任务三 呼吸机工作模式设置电路分析与调试

适用对应职业岗位 **AE/FAE/PCB DE/PCB TE**

(一) 电路连接

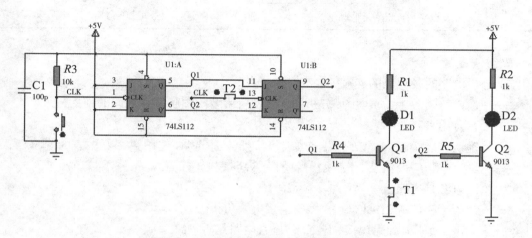

图9-3-1 呼吸机工作模式设置电路原理图

请认真阅读图9-3-1呼吸机工作模式设置电路原理图,完成以下任务:

1. 芯片CD4013功能分析

1) 芯片引脚识读

U1:15和U1:14的功能是异步_____(置1/置0),_____(高/低)电平有效;U1:4和U1:10的功能是异步_____(置1/置0),_____(高/低)电平有效。

2) 同步置数

CLK是_____(同步/异步)时钟信号,_____(上升沿/下降沿)有效;J是同步_____(置1/置0),K是同步_____(置1/置0)。

Q是触发器状态输出端,的输出值与Q值_____(相同/取反)。

3) 芯片动作工作过程

U1A的输入端J、K接_____(H/L),CLK每触发一下,U1A的输出Q就会翻转一次。

注: 翻转—Q的输出值1→0或0→1。

U1A的5脚输出Q和6脚输出接U1B的_____引脚和_____引脚作为U1B的_____(输入/输出),所以U1B的J与K总是互反。当JK = 10,CLK触发下,U1B的Q输出为_____(0/1);当JK = 01,CLK触发下,U1B的Q输出为_____(0/1)。

2.LED显示驱动

9013是_____(NPN/PNP)型三极管,当JK触发器的Q输出高电平时,9013的C、E极_____(导通/截止),发光二极管_____(亮/灭);当Q输出低电平时,9013的C、E极_____(导通/截止),发光二极管_____(亮/灭)。

3.触发信号产生

SW1弹起时,CLK为_____(高/低)电平;SW1按下时,CLK为_____(高/低)电平;所以SW1每按一下(按下立即松开)就会使CLK由_____(高/低)电平变成_____(高/低)电平,即产生一个_____(上升/下降)沿触发信号。

现场应用工程师(FAE)签名_____

_____年_____月_____日_____时_____分

(二) 电路调试

已按照《电路装接作业指导书》装配出如图9-3-2所示呼吸机工作模式设置电路装配实物,并且通过装接质量检测流程,确认装接质量合格。

1.整备电路

1) 按表9-3-1所示,把各个IC插入对应的IC插座,注意芯片方向,找对1号脚。

表9-3-1 芯片安装型号表

PCB标号	IC型号
U1	74LS112

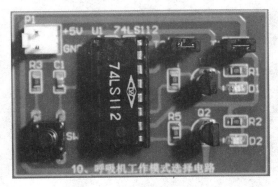

图9-3-2 呼吸机工作模式设置电路装配实物图

2) T1、T2接好跳线帽。

如图9-3-2所示,T1、T2接好跳线帽。

2.调试方法

电路正常工作,连续按S1按钮,观察D1、D2的亮灭状态变化是否如图9-3-3所示。

D1D2逻辑值定义：1—亮，0—灭。

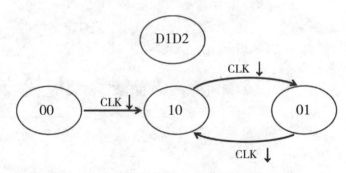

图9-3-3   D1、D2亮灭状态变化图

3.调试过程

对照图9-3-1所示原理图与图9-3-2所示实物图，完成以下任务：

1）给电路供+5V直流电压

——启动直流稳压电源，设置输出+5V电压；

——电源允许电压输出；

——选用万用表直流电压挡≥10V量程，红表笔接"V"端，黑表笔接公共端；

——测量值为DC_____V，电源供电　合格□　不合格□

判断标准：等于设定电压值。

——电源关闭电压输出，把电路板的供电端子与直流稳压电源输出连接好。

2）检查芯片供电

——电源允许电压输出；

——选用数字万用表直流电压挡≥10V量程，红表笔接"V"端，黑表笔接公共端；

——红表笔接U1：14(Vcc)，黑表笔接U1：7(GND)，芯片供电电压为_____V。

——芯片U1供电　合格□　不合格□

判断标准：与电源输出电压相等。

3）状态循环转换功能调试

表9-3-2   D1、D2状态转换表

序号	CLK	D1亮/灭	D2亮/灭	D1、D2逻辑值
0				
1	↓			
2				
3				

D1、D2逻辑值定义　1—亮；0—灭。

—— 电源允许电压输出。

初始状态

—— 观察D1、D2亮灭情况，结果填入表9-3-2第0行对应栏中；

—— 根据D1、D2的逻辑值定义，填写第0行"D1、D2逻辑值"栏的值。

状态1

—— 按一下SW1，即CLK产生一个下降触发沿；

—— 观察D1、D2亮灭情况，结果填入表9-3-2第1行对应栏中；

—— 根据D1、D2的逻辑值定义，填写第1行"D1、D2逻辑值"栏的值。

状态2

—— 按一下SW1，即CLK产生一个下降触发沿；

—— 观察D1、D2亮灭情况，结果填入表9-3-2第2行对应栏中；

—— 根据D1、D2的逻辑值定义，填写第2行"D1、D2逻辑值"栏的值。

状态循环

—— 按一下SW1，即CLK产生一个下降触发沿；

—— 观察D1、D2亮灭情况，与表9-3-2第_____行结果相同；

—— 按一下SW1，即CLK产生一个下降触发沿；

—— 观察D1、D2亮灭情况，与表9-3-2第_____行结果相同；

—— 在CLK下降沿触发下，D1、D2逻辑值在_____和_____循环转换。

4.调试结论

D1、D2的初始状态为_____(D1、D2逻辑值，下同)，在CLK下降沿触发下，D1、D2的状态按_____、_____的顺序进行循环转换。

现场应用工程师(FAE)签名_____

_____年_____月_____日_____时_____分

任务四 工作模式缺失典型故障检修

适用对应职业岗位　AE/FAE

(一) 典型故障现象：工作模式缺失

呼吸机工作模式设置电路已经通过电路调试，性能验证、质量合格。请参照图9-4-1所示原理图，完成以下任务：

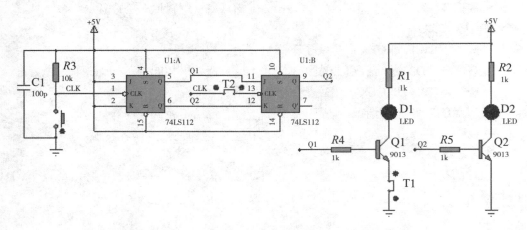

图9-4-1　呼吸机工作模式设置电路原理图

(二) 工作模式缺失故障排除

模拟故障电路设置说明： 由几个独立模块集成的芯片，经常会出现某个模块损坏不工作，导致电路故障，本次实训设置跳线T1连接，T2断开，模拟U1B JK触发器损坏，导致输出状态丢失的电路典型故障。

1. 故障重现

1) 电路通电

—— 电源允许电压输出，电路通电。

2) 观察故障现象

—— 每按一下SW1，观察D1、D2的显示状态，连续按5下，观察结果如下：

—— D1D2 = 00状态　有□　没有□

—— D1D2 = 10状态　有□　没有□

—— D1D2 = 01状态　有□　没有□

——电路故障是D1D2 = 01状态丢失。

2.故障原因分析

1) 正常现象分析电路情况

电路通电后，按SW1产生CLK触发信号，D1正常闪烁(一亮一灭)，对照电路对照电路原理图及电路功能分析，可以做如下推断：

——电源供电正常；

——SW1工作_____(正常/不正常)，CLK触发信号_____(正常/不正常)；

——U1:5输出工作_____(正常/不正常)，U1:5输出_____(正常/不正常)。

结论：

——U1A标识的JK触发器在CLK下降沿的触发下，输出能够实现翻转；

——Q1在U1:5的驱动下能够实现导通与截止功能。

2) 故障现象分析

电路通电后，按SW1产生CLK触发信号，D1正常闪烁(一亮一灭)，D2始终熄灭，对照电路对照电路原理图及电路功能分析，可以做如下推断：

——U1:11、U1:12、U1:13可能断路，输入正常；

——U1:9输出信号可能不正常；

——D2及Q2电路可能不正常。

3.排查故障部位

1) 排查对象

通过以上故障原因分析，推断故障可能出现在三极管Q2，U1B:9，U1B:13及它们的连接线之间。

2) 排查方法

如图9-4-2所示，信号注入法。

注： 信号注入法是在电路的输入端注入一个信号。然后观察电路有无信号输出来判断电路是否正常的方法。

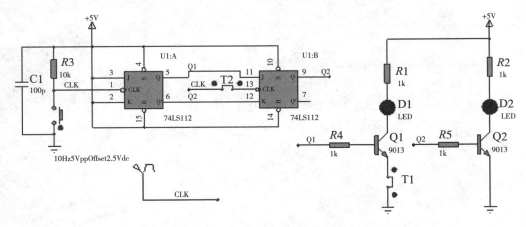

图9-4-2 呼吸机工作模式设置电路信号注入法示意图

3) 排查过程

注入测试信号

—— 启动信号发生器,选用CH1通道;

—— 信号参数设置为:方波,f = 10Hz, V_{pp} = 5V,偏移2.5Vdc,允许信号输出;

—— 信号输出的红夹子接电路的CLK,黑夹子接电路GND;

—— 允许信号发生器信号输出;

—— 电路通电,直流电压+5V;

—— 观察到D1闪烁(亮灭交替),D2_____(闪烁/不亮)。

测试JK触发输入输出波形

—— 启动示波器,选择通道1,设置耦合方式为交流,探笔与通道1端子连接;

—— 示波器探针连接示波器的1kHz基准方波,黑夹子接示波器基准信号的GND;

—— 按"Auto"键,观察示波器显示波形;

—— 示波器通道1工作　正常 □　　不正常 □

判断标准: 显示波形为方波,频率为1kHz。

—— 示波器探笔黑夹子接电路GND,探针接表9-4-1所示U1:1引脚;

—— 按"Auto"键,观察示波器显示波形,结果填入表相应栏目;

—— 笔黑夹子接电路GND,探针分别检测U1:11、U1:13、U1:9引脚波形,结果填入表9-4-1相应栏目。

表9-4-1　波形信号检测记录表

测试引脚	有/无波形	波形	频率(Hz)	测试引脚	有/无波形	波形	频率(Hz)
U1:1				U1:11			
U1:13				U1:9			

因U1:1有输入,U1:11有输出,所以CLK触发信号输入正常,U1A JK触发器工作正常;U1:13无输入波形,U1:9无输出波形,根据原理图分析,怀疑U1:13引脚与CLK信号的连接导线断开

4.排除故障

—— 选择长度适用、线径1mm的,确认导通良好;

—— 电路掉电,用跳线直接连接U1:13与CLK输入端子;

—— 电路通电,指示灯D1和指定灯D2来回交替闪烁;

—— 电路掉电,用跳线帽连接T2两个引脚。

5.维修结论

—— 故障现象消失,故障已解决。

现场应用工程师(FAE)签名_____

_____年_____月_____日_____时_____分

项目十 针剂打包控制电路装调与检测

设计者： 郭 刚① 杨东海② 荣 华③ 张 科④

项目简介

数字电路不仅在数字医疗设备中广泛应用，同时在医疗设备生产、医药生产设计中得到广泛的应用。譬如计数器电路常用于针剂的计数、机械运动的定时等。

本次实训选用由计数器74LS191、七段译码74LS48、与非门74LS00和其他元器件组成的"针剂打包控制电路"模型为载体，通过元器件品质检查、电路装接与质量检查、电路分析与调试、典型故障排查等四个任务训练，培养学习者能理解现态、次态，并识读、绘制状态表，能识读、绘制状态图，能理解同步、异步置数的区别与作用，能按作业指导检查74LS191二进制计数芯片品质，能分析状态机电路的结构与工作原理，能根据任务完成参数测量，能用信号注入法排查故障等职业岗位行动力，树立"不忘历史，不负韶华"的奋斗意识，培养"逻辑严谨，思路清晰"的做事方式。

① 湘潭市中心医院
② 漳州卫生职业学院
③ 湘潭医卫职业技术学院
④ 上海普康医疗科技有限公司

(一) 实训目的

1. 职业岗位行动力

(1) 能理解现态、次态，并识读、绘制状态表；

(2) 能识读、绘制状态图；

(3) 能理解同步、异步置数的区别与作用；

(4) 能按作业指导检查74LS191计数芯片品质；

(5) 能分析计数器电路的结构与工作原理，能根据任务完成参数测量；

(6) 能够用信号注入法排查故障。

2. 职业综合素养

(1) 树立"不忘历史，不负韶华"的奋斗意识；

(2) 培养"逻辑严谨，思路清晰"的做事方式；

(3) 培养"遵章作业，精益求精"的工匠精神；

(4) 培养"分工协作，同心合力"的团队协作精神。

(二) 实训工具

表10-0-1　实训工具表

名称	数量	名称	数量	名称	数量
数字直流稳压电源	1	锡丝、松香	若干	斜口钳	1
电路装接套件	1	防静电手环	1	调温烙铁台	1
数字万用表	1	镊子	1		

(三) 实训物料

表10-0-2　实训物料表

物料名称	型号	封装	数量	备注
贴片电容	100pF	0805C	1	
16P普通IC插座	双列直插	DIP16	2	74LS1991，74LS48
14P普通IC插座	双列直插	DIP14	1	74LS00
7P排阻(2K)	A202J	SIP8	1	
2P单排直插针	Header_2	SIP2	2	带跳线帽
1P单排直插针	Header_1	SIP1	1	
共阴数码管	DS1	SEG	1	

(续表)

物料名称	型号	封装	数量	备注
电源插座	公插座	2510 2P	1	
CLOCK插座	公插座	2510 2P	1	
二进制可逆计数器	74LS191	DIP16	1	
七段译码器	74LS48	DIP16	1	
与非门	74LS00	DIP14	1	

(四) 参考资料

(1)《74LS191技术手册》;
(2)《74LS48技术手册》;
(3)《74LS00技术手册》;
(4)《7SEG共阴数码管技术手册》;
(5)《数字可编程稳压电源使用手册》;
(6)《数字万用表使用手册》;
(7)《数字信号源使用手册》;
(8)《数字示波器使用手册》;
(9)《IPC-A-610E电子组件的可接受性要求》。

(五) 防护与注意事项

(1) 佩戴防静电手环或防静电手套,做好静电防护;
(2) 爱护仪器仪表,轻拿轻放,用完还原归位;
(3) 有源设备通电前要检查电源线是否破损,防止触电或漏电;
(4) 使用烙铁时,严禁甩烙铁,防止锡珠飞溅伤人,施工人员建议佩戴防护镜;
(5) 焊接时,实训场地要通风良好,施工人员建议佩戴口罩;
(6) 实训操作时,不得带电插拔元器件,防止尖峰脉冲损坏器件;
(7) 实训时,着装统一,轻言轻语,有序行动;
(8) 实训全程贯彻执行6S。

(六) 实训任务

任务一　元器件品质检查
任务二　针剂打包电路装接与质量检查
任务三　针剂打包电路分析与调试
任务四　计数显示错误典型故障检修

任务一 元器件品质检查

对应职业岗位 IQC/IPQC/AE

(一)直插共阴数码管品质检查

1.直插封装与引脚

图10-1-1 直插封装与引脚(俯视)

2.外观检验

表10-1-1 外观检验项目表

序号	检验项目	验收方法/工具	检查结果	完成时间
1	型号、标称值标记清晰可见	目测	□合格 □不合格	
2	封装无破损、无裂缝	目测	□合格 □不合格	
3	引脚规整,标识清晰可见	目测	□合格 □不合格	

3.检查码段受控发光

采用数字万用表二极管挡,逐个点亮a、b、c、d、e、f、g、dp码段。

1) 设置万用表

——选用数字万用表二极管档,红表笔插入二极管端,黑表笔插入公共端,红、黑表笔短接,万用表发出蜂鸣声,说明表工作正常。

2) 检查码段发光二极管可控

—— 黑表笔接GND脚,红表笔接a脚,a对应的码段发光二极管_____(亮/灭);

—— a码段发光二极管受a脚控制;

判断标准:红表笔能够通过接触点对应码段。

—— 红表笔分别接b、c、d、e、f、g、dp脚,重复上一步操作,检查对应发光二极管是否受控发光。

表10-1-2 引脚对照表

引脚	a	b	c	d	e	f	g	dp
发光二极管发光可控								

3) 检验结果

—— 数码管发光二极管发光可控性　合格 □　不合格 □

检验员(IQC)签名＿＿＿＿＿＿＿＿＿＿

检验时间＿＿＿＿＿＿＿＿＿＿

(二) 直插2k×8排阻品质检查

1. 2k×8直插排阻引脚封装

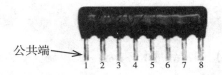

图10-1-2　2K×8直插排阻引脚封装图

2. 外观检验

表10-1-3 外观检验项目表

序号	检验项目	验收方法/工具	检查结果	完成时间
1	标称值清晰可见	目测	□合格 □不合格	
2	封装无破损、无裂缝	目测	□合格 □不合格	
3	引脚规整,无断裂、无氧化	目测	□合格 □不合格	

3. 检验电阻阻值与误差

采用数字万用表欧姆挡,逐个测量电阻值与计算误差。

1) 读排阻电阻的标称值

排阻电阻标称值为＿＿＿＿＿＿＿＿,允许误差为＿＿＿＿＿＿＿＿。

注:三位数标法,前两个数为有效数字,第三位是数量级,如202=20×102=2kΩ;

字母表示误差 D——±0.5%; F——±1%; G——±2%; J——±5%; K——±10%; M——±20%。

2) 设置万用表

—— 选用数字万用表欧姆挡≥20kΩ量程,红表笔插入"Ω"端,黑表笔插入公共端,红、黑表笔短接,表显0Ω。

3）测各引脚阻值

——红表笔接1脚（公共端），黑表笔接2脚，读表显$R12$阻值，结果填表；

——误差=［（测量值−标称值）/标称值］×100%，结果填表；

——重复以上步骤，分别测量$R13$、$R14$、$R15$、$R16$、$R17$、$R18$。

表10-1-4　排阻电阻测量值与误差

电阻	$R12$	$R13$	$R14$	$R15$	$R16$	$R17$	$R18$
测量值（Ω）							
误差							

4）检查结果

——测量值与误差　合格 □　不合格 □

判断标准：实际误差≤标称误差。

检验员（IQC）签名＿＿＿＿＿＿＿＿＿＿
检验时间＿＿＿＿＿＿＿＿＿＿

（三）直插七段译码器74LS48品质检查

1.《74LS48技术手册》（摘要）

74LS48是七段显示译码器，即将输入的4位BCD码转换为7位显示码，驱动七段数码管显示数字。

1）DIP16封装与引脚

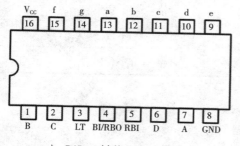

D~A	4位BCD码输入端，高电平有效
g~a	7位显示码输出端，高电平有效
LT'	亮灯测试输入端，低电平有效
RBI'	级联灭零输入端，低电平有效
BI'/RBO'	复用，灭灯输入端/级联灭零输出端，低电平有效

a）DIP16封装引脚图（俯视）　　　　　　b）引脚功能

图10-1-3　DIP16封装与引脚

2）逻辑真值表

表10-1-5　逻辑真值表

十进制数/功能	输入							输出							
	LT'	RBI'	D	C	B	A	BI'/RBO'	a	b	c	d	e	f	g	注
0	H	H	L	L	L	L	L	H	H	H	H	H	H	L	1
1	H	X	L	L	L	H	H	L	H	H	L	L	L	L	1
2	H	X	L	L	H	L	L	H	H	L	H	H	L	H	
3	H	X	L	L	H	H	H	H	H	H	H	L	L	H	
4	H	X	L	H	L	L	L	L	H	H	L	L	H	H	
5	H	X	L	H	L	H	H	H	L	H	L	L	H	H	
6	H	X	L	H	H	L	L	L	L	H	H	H	H	H	
7	H	X	L	H	H	H	H	H	H	H	L	L	L	L	
8	H	X	H	L	L	L	L	H	H	H	H	H	H	H	
9	H	X	H	L	L	H	H	H	H	H	L	L	H	H	
10	H	X	H	L	H	L	L	L	L	L	H	H	L	H	
11	H	X	H	L	H	H	H	L	L	H	H	L	L	H	
12	H	X	H	H	L	L	L	L	H	L	L	L	H	H	
13	H	X	H	H	L	H	H	H	L	L	L	H	H	H	
14	H	X	H	H	H	L	L	L	L	L	H	H	H	H	
15	H	X	H	H	H	H	H	L	L	L	L	L	L	L	
灭灯	X	X	X	X	X	X	L	L	L	L	L	L	L	L	2
级联灭零	H	L	L	L	L	L	L	L	L	L	L	L	L	L	3
亮灯测试	L	X	X	X	X	X	H	H	H	H	H	H	H	H	4

(1) BI'/RBO'复用,灭灯输入或级联灭零输出。用作灭灯输入时,要正常译码,须悬空或接高电平; 用作级联灭零输出时,只有悬空或接高电平,才能在输入十进制数0,输出灭零信号。

(2) 当BI'接低电平时,不管输入什么BCD码,所有显示码为低电平。

(3) 当RBI'和ABCD都接低电平,并且LT'接高电平,显示码a~f都输出低电平,RBO'输出低电平。

(4) 当BI'/RBO'悬空或接高电平,并且LT'接低电平,显示码a~f都输出高电平。

2.外观检验

表10-1-6 外观检验项目表

序号	检验项目	验收方法/工具	检查结果	完成时间
1	型号、标称值标记清晰可见	目测	□ 合格　□ 不合格	
2	封装无破损、无裂缝、引脚	目测	□ 合格　□ 不合格	
3	引脚规整,标识清晰可见	目测	□ 合格　□ 不合格	

3.74LS48 功能检验

采用测试平台,搭建74LS48测试电路,通电测试逻辑功能。

按照74LS48电平关系表设置输入电平,测试输出电平,观察输出结果是否与《74LS48技术手册》提供的逻辑真值表一致,如果一致,芯片工作正常。

1) 74LS48逻辑功能检查电路原理图

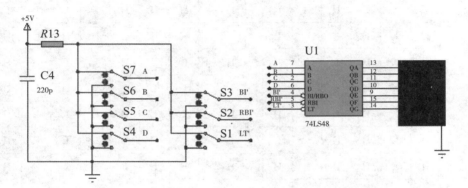

图10-1-4 74LS48逻辑功能检查电路原理图

2) 连接逻辑功能验证电路

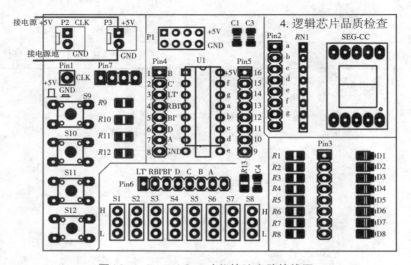

图10-1-5 74LS48功能检验电路接线图

在实训板"逻辑芯片品质检查",按照图2所示,用跳线连接相同标号的端子,接好74LS48逻辑功能验证电路,确认电路连接良好。

3) 确认芯片通电正常

—— 电路接通DC+5V,确认红表笔插在万用表的电压端,黑表笔插在万用表的公共端,选用万用表直流电压挡量程≥10V;

—— 黑表笔接地,红表笔接测试引脚,如果测U1:16电压约为_____V,测U1:8电压约为_____V。

—— 芯片供电　正常□　不正常□

判断标准: U1:16与U1:8之间的电压约为5V。

4) 检验"LT'(Light Test)"亮灯测试功能

注: 输入信号—— 1/H,0/L,x/H或L;输出信号—— 1/亮,0/灭。

—— 设置S1S2S3 = 011,S4~S7 = xxxx;

—— 观察到数码管_____(全亮/全灭),即a、b、c、d、e、f、g=_____;

—— 任意改变S4~S7的值,观察到数码管显示_____(变/不变)。

—— LT'接低电平时,亮灯测试功能　正常□　不正常□

判断标准: 数码管所有码段都亮,与输入的BCD码无关。

5) 检验"BI'(Blanking Input)"控制灭灯测试功能

—— 设置S1S2S3 = x0x,S4~S7 = xxxx;

—— 观察到数码管_____(全亮/全灭),即a、b、c、d、e、f、g=_____;

—— 任意改变S4~S7的值,观察到数码管显示_____(变/不变)。

—— BI'接低电平时,灭灯测试功能　正常□　不正常□

判断标准: 数码管所有码段都灭,与输入的BCD码无关。

6) 检验级联灭零输入"RBI'"与级联灭零输出"RBO'"功能

—— 断开U1:5与S3的连接,即BI'/RBO'悬空;

—— 设置S1S2 = 10,S4~S7 = 0000,有灭零信号输入,当前值为"0";

—— 观察到数码管_____(全亮/全灭),即a、b、c、d、e、f、g=_____;

—— 用万用表直流电压挡≥10V量程,测U1:5电压约为_____V,即RBO'=_____;

—— 设置S4~S7为"0000"之外的任意值,如S7~S4=1001;

—— 观察到数码管显示_____符号;

—— 用万用表直流电压挡≥10V量程,测U1:5电压为_____V,即RBO'=_____。

—— 灭零功能　正常□　不正常□

判断标准: RBI'接低电平,当输入值为"0",数码管所有码段都灭;不为"0"时显示对应符号。

7) 检验BCD译码功能

—— 设置S1S2S3=111;

—— 如"表10-1-7 74LS48电平逻辑关系表"的序号0行S4~S7的值,设置S4~S7的电平,观察数码管输出显示,结果填入0行对应的"数码管显示符"项;

—— 按1~15序号顺序重复以上步骤,结果填入1~15行对应项。

表10-1-7　74LS48电平逻辑关系表

序号	二进制编码				十进制数	数码管显示符
	S4(D)	S5(C)	S6(B)	S7(A)		
0	0	0	0	0	0	
1	0	0	0	1	1	
2	0	0	1	0	2	
3	0	0	1	1	3	
4	0	1	0	0	4	
5	0	1	0	1	5	
6	0	1	1	0	6	
7	0	1	1	1	7	
8	1	0	0	0	8	
9	1	0	0	1	9	
10	1	0	1	0	10	
11	1	0	1	1	11	
12	1	1	0	0	12	
13	1	1	0	1	13	
14	1	1	1	0	14	
15	1	1	1	1	15	

判断标准: BCD码(二进制表示十进制)转换后显示符号与图10-1-6一致。

图10-1-6　BCD码转换图

8) 检验结果

——74LS48的控制/测试功能　正常 □　不正常 □

——74LS48的七段译码功能 正常 □ 不正常 □

检验员(IQC)签名＿＿＿＿＿＿＿＿＿＿

检验时间＿＿＿＿＿＿＿＿＿＿

(四) 直插与非门芯片74LS00品质检查

1.《74LS00技术手册》(摘要)

74LS00是一款由四个2输入的与非门组成的TTL集成芯片,芯片中每个与非门都可以独立实现Y=(AB)'(与非逻辑)功能,正常工作电压为5V。

1) DIP14封装与引脚

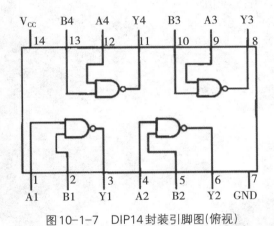

图10-1-7 DIP14封装引脚图(俯视)

表10-1-8 "与非门"与输入、输出引脚表

与非门	输入引脚		输出引脚
	A	B	Y
F1	1	2	3
F2	4	5	6
F3	9	10	8
F4	12	13	11

2) 与非门逻辑真值表

表10-1-9 与非门逻辑真值表

输入引脚电平		输出引脚电平
A	B	Y
L	L	H
L	H	H
H	L	H
H	H	L

H—高电平 L—低电平

2. 外观检验

表10-1-10　外观检验项目表

序号	检验项目	验收方法/工具	检查结果	完成时间
1	型号、标称值标记清晰可见	目测	□ 合格　□ 不合格	
2	封装无破损、无裂缝、引脚	目测	□ 合格　□ 不合格	
3	引脚规整无缺，1号脚标注清晰	目测	□ 合格　□ 不合格	

3. 逻辑功能检查

采用测试平台，搭建74LS00逻辑功能检查电路，逐个检验4个与非门功能。

按照与非门电平关系表设置输入电平，测试输出电平，观察输入、输出结果是否与74LS00技术手册提供的真值表一致，如果一致，芯片工作正常。

1）与非门F1逻辑功能检查电路原理图

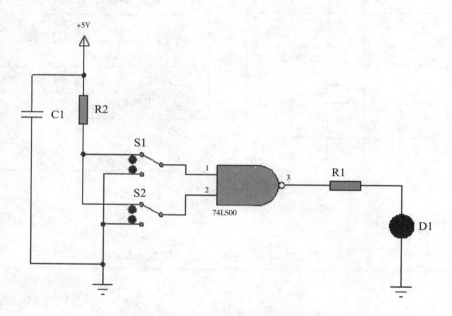

图10-1-8　与非门F1逻辑功能检查电路原理图

2）连接与非门F1逻辑功能检查电路

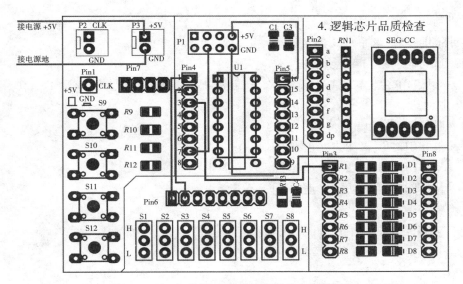

图10-1-9　与非门F1逻辑功能检查电路接线图

在实训板"逻辑芯片品质检查",用跳线按照图10-1-9所示连接各个端子,接好74LS00与非门F1逻辑功能检查电路,确认电路连接良好。

3）确认芯片通电正常

—— 电路接通DC+5V,确认红表笔接表的电压端,黑表笔接表的公共端,选用万用表直流电压挡≥10V量程；

—— 红表笔接测试引脚,黑表笔接地,如果测芯片14号引脚电压为5V,测芯片7号引脚电压为0V,芯片供电正常。

注：输入信号— 1/H, 0/L, x/H或L；输出信号— 1/亮,0/灭。

4）检验与非门F1逻辑功能

—— 如表1与非门F1逻辑真值表所示,从第1行到第4行逐行按AB值设置S1、S2的电平值；

—— 每设置一次,观察D1输出,并把观察结果填入表10-1-11对应行的Y列。

注：输入信号— 1/H, 0/L, x/H或L；输出信号— 1/亮,0/灭。

表10-1-11　与非门F1逻辑真值表

行号	输入变量		输出变量
	A(1#)	B(2#)	Y(3#)
1	0	0	
2	0	1	
3	1	0	
4	1	1	

A(1#): A—逻辑变量名；1#—1号引脚号

—— 与非门F1逻辑功能　正常 ☐　不正常 ☐

判断标准：与技术手册提供真值表对比，如一致，与非门F1工作正常。

5) 测试与非门F2~F4逻辑功能

—— 参照DIP封装与引脚，用跳线分别连接S1、S2与Fn的输入引脚A，B，D1与Fn的输出引脚(n取值：2~4)；

—— 对与非门Fn，重复步骤4)中的检验过程。

—— 与非门F2逻辑功能　正常 ☐　不正常 ☐

—— 与非门F3逻辑功能　正常 ☐　不正常 ☐

—— 与非门F4逻辑功能　正常 ☐　不正常 ☐

6) 检验结果

—— 74LS00集成的4个与非门逻辑功能　正常 ☐　不正常 ☐

检验员(IQC)签名＿＿＿＿＿＿＿＿＿＿

检验时间＿＿＿＿＿＿＿＿＿＿

(五) 直插同步二进制可逆计数器74LS191品质检测

1.《74LS191技术手册》(摘要)

74LS191是一款二进制可逆计数器芯片，具有四位并行异步置数功能，可以级联的同步加法计数或减法计数器，在计数时可以随时改变加/减计数方式。

1) DIP16封装与引脚

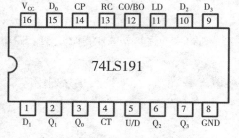

D~A	4 位二进制异步预置数输入端
LD'	载入异步转数允许端，低电平有效
CLOCK	计数时钟输入端，上升沿有效
D/U'	减 / 加计数方式控制端
CT'	计数允许端，低电平有效
QD~QA	4 位二进制计数值输出端
CO/BO	进位 / 借位输出端，用于级联
RC	分频时钟输出端，用于级联

a) DIP16封装与引脚图(俯视)　　　　b) 输入、输出引脚功能

图10-1-10　DIP16封装与引脚图

2) 时序逻辑图

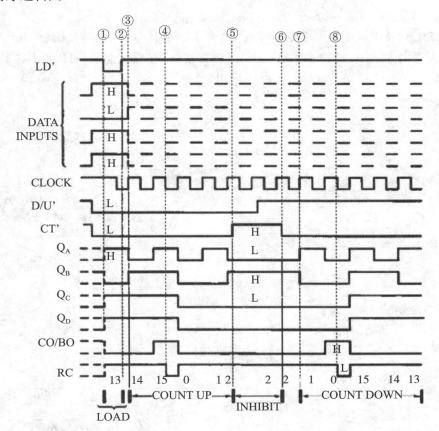

图 10-1-11 时序逻辑图

①—②，当 LD' = 0 时，装载预置数，即 $Q_D Q_C Q_B Q_A$ = DCBA，计数值等于预置数；

③，当 D/U' = 0，CT' = 0，CLOCK 上升沿到来时，计数值加 1；

④，当 $Q_D Q_C Q_B Q_A$ = 1111 时，CO/BO 输出一个高电平脉冲，其后 RC 输出一个低电平脉冲；

④—⑤，当 D/U' = 0，CT' = 0，CLOCK 上升沿到来时，计数值加 1；

⑤—⑥，当 CT' = 1 时，计数值保持不变；

⑦，当 D/U' = 1，CT' = 0，CLOCK 上升沿到来时，计数值减 1；

⑦—⑧，当 D/U' = 1，CT' = 0，CLOCK 上升沿到来时，计数值减 1；

⑧，当 $Q_D Q_C Q_B Q_A$ = 0000 时，CO/BO 输出一个高电平脉冲，其后 RC 输出一个低电平脉冲

2. 外观检验

表 10-1-12 外观检验项目表

序号	检验项目	验收方法/工具	检查结果	完成时间
1	型号、标称值标记清晰可见	目测	□ 合格 □ 不合格	
2	封装无破损、无裂缝、引脚	目测	□ 合格 □ 不合格	
3	引脚规整无缺，1号脚标注清晰	目测	□ 合格 □ 不合格	

3.74LS191功能验证

采用测试平台,搭建74LS191测试电路。

按照74LS191时序逻辑图设置芯片工作条件和时钟信号,测试输出信号,观察输出信号电平变换是否与《74LS191技术手册》提供的时序逻辑图一致,如果一致,芯片工作正常。

1) 74LS191 FF1逻辑功能检查电路原理图

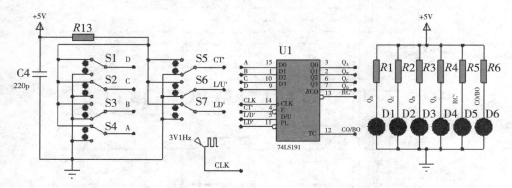

图10-1-12   74LS191 逻辑功能检查电路原理图

2) 连接逻辑功能验证电路

在实训板"逻辑芯片品质检查"测试区,按照图10-1-13所示,用跳线连接相同标号的端子,接好74LS191功能验证电路,确认电路连接良好。

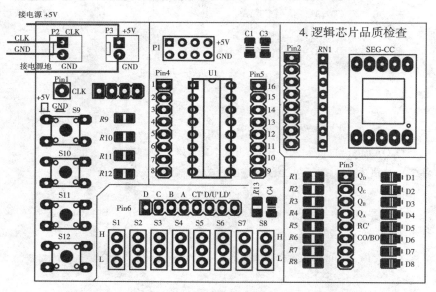

图10-1-13   74LS191 逻辑功能检查电路接线图

S9-S12初始状态为1/H   D1~D8初始状态为亮/1

3) 电路初始状态设置

—— 设置S1S2S3S4 = HHLH,即4位预置数DCBA = _____(逻辑值);

—— 设置S5 = H,即CT' = _____(逻辑值),芯片工作状态为_____(保持/计数);

—— 设置S6 = L, 即D/U' =_____(逻辑值), 计数方式为_____(加法/减法);

—— 设置S7 = H, 即LD' =_____(逻辑值),(允许/不允许)_____装载预置数。

4) 确认芯片通电正常

—— 电路接DC+5V;

—— 数字万用表选用直流电压挡≥10V量程, 确认红表笔插入电压端, 黑表笔插入公共端;

—— 黑表笔接地, 红表笔接测试引脚, 如果测U1:16脚电压约为_____V, 测芯U1:8脚电压约为_____V。

—— 芯片供电　正常 □　不正常 □

判断标准: U1:16与U1:8之间的电压约为5V。

5) 输入时钟信号

—— 启动信号发生器, 选用CH1通道;

—— 信号参数设置为: 方波, f = 1Hz, V_{pp} = 5V, 允许信号输出;

—— 信号输出的红夹子接电路的CLK, 黑夹子接电路GND;

—— 允许信号发生器信号输出。

6) 验证装载预置数功能

保持状态, 载预置数

—— 确认4位预置数DCBA =_____(逻辑值);

—— 确认4位计数值$Q_DQ_CQ_BQ_A$ =_____(逻辑值);

—— 设置S7 = L, 即LD' =_____(逻辑值),(允许/不允许)_____装载预置数;

—— 观察发光二极管D1D2D3D4得, 计数值$Q_DQ_CQ_BQ_A$ =_____(逻辑值)。

—— 保持状态下, 装载预置数功能　正常 □　不正常 □

判断标准: 当CT' = 1, LD' = 0时, $Q_DQ_CQ_BQ_A$ = DCBA。

计数状态, 载预置数

注: 参照74LS191时序逻辑图的①-②。

—— 设置S7 = H, S5 = L, 即LD' = 1, CT' =_____, 芯片对CLK进行加法计数;

—— 选择$Q_DQ_CQ_BQ_A$ ≠ DCBA时, 设置S7=L, 允许装载预置数;

—— 观察发光二极管D1D2D3D4得, 计数值$Q_DQ_CQ_BQ_A$=_____(逻辑值)。

—— 计数状态下, 装载预置数功能　正常 □　不正常 □

判断标准: 当CT' = 0, LD' = 0时, $Q_DQ_CQ_BQ_A$ = DCBA

—— 装载预置数功能　正常 □　不正常 □

7) 验证加法计数功能

注: 参照74LS191时序逻辑图的①-②、③、③-④。

—— 设置S5 = L, S6 = L, S7 = L, 即CT' = 0, D/U' =_____, LD' =_____;

—— 芯片装载预置数;

—— 观察发光二极管D1D2D3D4得, 计数值$Q_DQ_CQ_BQ_A$ =_____(逻辑值);

—— 设置S7 = H, 即LD' =_____;

—— 芯片处于(允许/不允许)_____对CLK进行_____(加法/减法)计数;

—— 观察发光二极管D1D2D3D4,结果填入图10-1-14加法计数状态转换记录图。

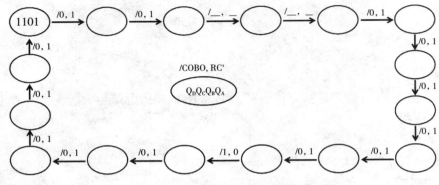

图10-1-14　加法计数状态转换记录图

—— 加法计数功能　正常 □　不正常 □

判断标准: 图10-1-14加法计数状态转换记录图与图10-1-15加法计数状态转换图一致。

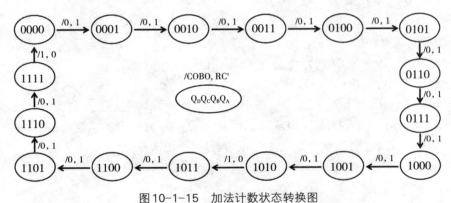

图10-1-15　加法计数状态转换图

8) 验证保持(不允许计数)功能

注: 参照74LS191时序逻辑图的⑤—⑥。

—— 设置S5 = H, 即CT' = _____(逻辑值),芯片工作状态为_____(保持/计数);

—— 观察发光二极管D1D2D3D4显示_____(有/无)变换;

—— 设置S6 = H, 即D/U' = _____(逻辑值),计数方式为_____(加法/减法);

—— 观察发光二极管D1D2D3D4显示_____(有/无)变换。

—— 保持功能　正常 □　不正常 □

判断标准: 只要CT' = 1,芯片对CLK不计数,计数值$Q_DQ_CQ_BQ_A$保持不变。

9) 验证减法计数功能

注: 参照74LS191时序逻辑图的①—②,③,③—④。

—— 设置S1S2S3S4 = LLHL, 即4位预置数DCBA = _____(逻辑值);

—— 设置S5 = H, S6 = H, S7 = L, 即CT' = _____, LD' = 0;

—— 芯片装载预置数;

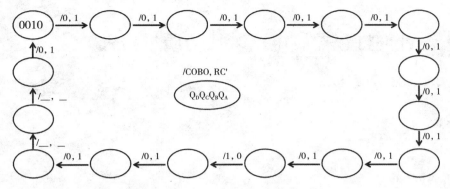

图10-1-16 减法计数状态转换记录图

—— 观察发光二极管D1D2D3D4得,计数值$Q_DQ_CQ_BQ_A=$_____(逻辑值);

—— 设置S5 = L, S7 = H, 即CT' = 0, LD' = 1;

—— 芯片处于(允许/不允许)_____对CLK进行_____(加法/减法)计数;

—— 观察发光二极管D1D2D3D4,结果填入图5减法计数状态转换记录图。

—— 减法计数功能　正常 □　不正常 □

判断标准: 图10-1-16减法计数状态转换记录图与图10-1-17减法计数状态转换图一致。

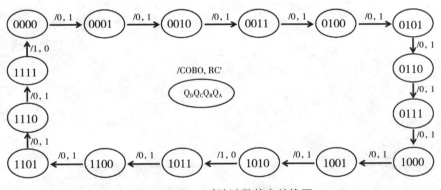

图10-1-17 减法计数状态转换图

10) 检验结果

—— 74LS191集成的2个JK触发器逻辑功能　正常 □　不正常 □

检验员(IQC)签名_____

检验时间_____

任务二 针剂打包控制电路装接与质量检查

对应职业岗位　OP/IPQC/FAE

(一) 电路原理图

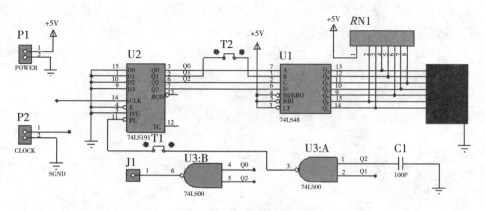

图10-2-1　针剂打包控制电路原理图

(二) 电路装配图

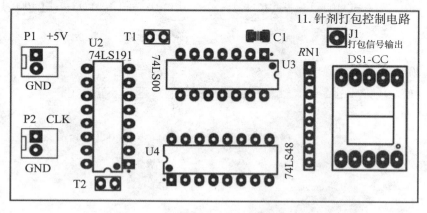

图10-2-2　针剂打包控制电路装配图

(三) 物料单(BOM)

表10-2-1 物料单表

物料名称	型号	封装	数量	备注
16P普通IC插座	双列直插	DIP16	1	
贴片电容	100pF	0805C	1	
NPN三极管	9013	TO92	2	
轻触按钮	微型非自锁	KEY_X4P	1	
贴片发光二极管	0805	0805D	2	高亮白光
贴片电阻	1K	RES0.4	4	
贴片电阻	10K	RES0.4	1	
2P单排直插针	Header_2	SIP2	2	带跳线帽
JK触发器芯片	74LS112	DIP16	1	
电源插座	公插座	2510 2P	2	

(四) 电路装接流程

1.准备工作台

—— 清理作业台面,不准存放与作业无关的东西;

—— 焊台与常用工具置于工具区(执烙铁手边),设置好焊接温度;

—— 待焊接元件置于备料区(非执烙铁手边);

—— PCB板置于施工者正对面作业区。

2.按作业指导书装接

—— 烙铁台通电;

—— 将元件按"附件11:针剂打包控制电路装接作业指导书"整形好;

—— 执行"附件11:针剂打包控制电路装接作业指导书"装配电路。

3.PCB清理

—— 关闭烙铁台电源,放好烙铁手柄;

—— 电路装配完成,用洗板水清洗PCB,去掉污渍、助焊剂残渣和锡珠;

—— 清洗并晾干成品电路并将其摆放在成品区。

4.作业现场6S

—— 清理工具,按区摆放整齐;

—— 清理工作台面，把多余元件上交；

—— 清扫工作台面，垃圾归入指定垃圾箱；

—— 擦拭清洁工作台面，清除污渍。

现场应用工程师(FAE)签名＿＿＿＿＿＿＿＿

＿＿＿＿年＿＿＿＿月＿＿＿＿日＿＿＿＿时＿＿＿＿分

附件11：

产品名称：针剂打包控制电路
产品型号：SDXS-10-04

针剂打包控制电路装接作业指导书

文件编号：SDXS-10
版本：4.0
发行日期：2022年5月24日
第1页，共3页

作业名称：贴片电容、DIP14插座、DIP16插座		工序号：1		
工具：调温烙铁台、镊子、焊锡、防静电手环				
设备：放大镜				
	物料名称	规格/型号	PCB标号	数量	备注
1	贴片电容	100n/0805C	C1	1	
2	DIP14IC插座	双列直插/DIP14	U3	1	
3	DIP16IC插座	双列直插/DIP16	U1	1	

作业要求：
1. 对照物料表核对元器件型号、封装是否一致；
2. 烙铁通电，烙铁温度为350℃；
3. 贴装C1，100nF贴片电容，图例中1示，确认容量值；
4. 贴板插装U3，DIP14IC插座，图例中2示，缺口对齐；
5. 贴板插装U1，DIP16IC插座，图例中2示，缺口对齐；
6. 检查焊点，质量要至少达到可接受可接受标准（见可接受标准图例）

注意事项：
端子侧面有润湿填充；
最大填充高度可到端子顶部

锥状、引线可辨
引线高出爆料<1mm

图例：
1. 容量值100pF，居中对齐
2. 缺口对齐，支撑肩贴板

版本：4.0

第2页，共3页

文件编号：SDXS-10

发行日期：2022年5月11日

产品名称：针剂打包控制电路

产品型号：SDXS-10-04

作业名称：插件1，IC插座，插座，2P跳线	工序号：2
工具：防静电手环，调温烙铁台，斜口钳，焊锡	
设备：镊子，十字螺丝刀	

序号	物料名称	规格/型号	PCB标号	数量	备注
1	16P IC插座	双列直插/DIP16	U2	1	
2	电源插座	公插座/2510 2P	P1	1	
3	信号源插座	公插座/2510 2P	P1	1	
4	2P单排直插针	Header_2/SIP2	T1、T2	2	带跳线帽

作业要求：
1. 对照物料表核对元器件型号，封装是否一致；
2. 贴板插装U2，DIP16IC插座，图例中1示，缺口对齐；
3. 贴板装接P1，P2，SIP2插座，图例中2示，注意方向与底贴板；
4. 贴板插装T1、T2，2P跳线，图例中3示，注意长脚朝外；
5. 检查焊点，质量要至少达到可接受标准（见可接受标准图例）。

注意事项：

定位边标记

锥状，引线可辨，引线高出爆料＜1mm

图例：

1. 缺口对齐，支撑肩贴板
2. 定位边对齐，底紧贴板面
3. 焊接短脚，长脚保留

产品名称：针剂打包控制电路
产品型号：SDXS-10-04

文件编号：SDXS-10
发行日期：2022年5月11日

版本：1.0
第3页，共3页

| 作业名称：插件2、排阻、数码管、跳线 | | | 工序号：3 | | | | | |

工具：防静电手环、调温烙铁台、斜口钳、焊锡
设备：镊子、十字螺丝刀

物料名称	规格/型号	PCB标号	数量	备注
1	排阻8P	A202J/SIP8	RN1	1	
2	数码管	直插/0.56寸	SEG-CC	1	
3	1P跳线	直插/SIP1	J1	1	

作业要求：
1. 对照物料表核对元器件型号、封装是否一致；
2. 贴板插装RW1、2k/8P，图例中2示，1脚对齐；
3. 贴板插装SEG-CC、共阴数码管，图例中3示，小数点对齐；
4. 贴板插装Pin1、Header_1，图例中2示，长脚朝上；
5. 检查焊点，质量要至少达到可接受标准（见可接受标准图例）。

注意事项：

锥状、引线可辨、引线高出爆料＜1mm

小数点

1脚标注

图例：

1. 底紧贴板面，1脚对齐
2. 小数点对齐
3. 焊接短脚，长脚保留

长脚

针剂打包控制电路
J1 打包信号输出
QS1-CC
74LS48
74LS00
74LS191
U2
P1 +5V GND
P2 CLK GND

(五) 检测装接质量

采用数字万用表的蜂鸣挡来检测导线连接的两个引脚或端点是否连通。

1. 外观检验

表10-2-2　外观检验项目表

序号	检验项目	验收方法/工具	检查结果	完成时间
1	引脚高于焊点<1mm(其余剪掉)	目测	□合格　□不合格	
2	已清洁PCB板,无污渍	目测	□合格　□不合格	
3	焊点平滑光亮,无毛刺	目测	□合格　□不合格	

2. 焊点导通性检测

1) 分析电路的各焊点的连接关系

—— 请参照图10-2-1原理图,分析图10-2-2所示装配图各焊点之间的连接关系。

2) 设置万用表

—— 确认红表笔插入"V/Ω"端,黑表笔接插入公共端,选用数字万用表的蜂鸣挡;

—— 红、黑表笔短接,万用表发出蜂鸣声,说明表工作正常。

3) 检测电源是否短接

—— 红表笔接电源正极(VCC),黑表笔接电源负极(GND);

—— 无声,表明电源无短接;有声,请排查电路是否短路。

4) 检查线路导通性

—— 红、黑表笔分别与敷铜线两端的引脚或端点连接,数字万用表发出蜂鸣声,电路连接良好;

—— 无声,请排查电路是否断路;有声,表明电路正常;

—— 重复上一步骤,检验各个敷铜线两端的引脚或端点连接性能。

已经执行以上步骤,经检测确认电路装接良好,可以进行电路调试。

现场应用工程师(FAE)签名＿＿＿＿＿＿＿＿

＿＿＿年＿＿＿月＿＿＿日＿＿＿时＿＿＿分

任务三　针剂打包控制电路分析与调试

适用对应职业岗位　AE/FAE/PCB DE/PCB TE

(一) 电路连接

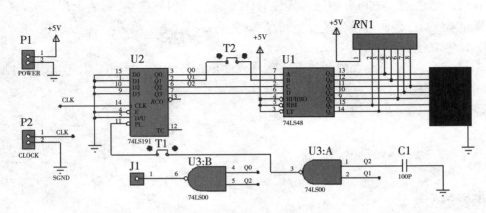

图 10-3-1　针剂打包控制电路原理图

请认真阅读针剂打包控制电路原理图,完成以下任务:

1. 芯片引脚识读

U1是_____译码器,把输入的BCD码转换为驱动数码管显示的_____码。

U2是_____进制可逆计数器,具有_____(异步/同步)装载预置数的功能,能够对输入的时钟信号CLK进行加法或_____计数。

U3是_____门,实现Y=AB'的逻辑运算,只有AB=_____时,Y=0。

2. 芯片参数设置识读

1) U1参数设置

U1的LT' = 1, RBI' = 1, BI/RBO= 1,芯片处于译码状态,且输入为"0000"编码时,也正常显示零,也不输出灭零信号。

2) U2参数设置

U2的E' =0,_____(允许/不允许) 计数器对CLK计数;因D/U' =0,计数方式为_____(加法/减法)。

U2的PL输入端电平,受U3:3输出控制,低电平时为_____(装载/不装载)预置数,高电平时_____(装载/不装载)。

因U2的D3D2D1D0=0000,所以其4位预置数为_____(二进制值)。

3.电路工作过程分析

1) 六数计数器

U2对输入的CLK时钟信号进行_____计数,即每当时钟信号CLK出现一个上升沿时,U2的计数值Q3Q2Q1Q0就_____(加1/减1);U1计数值Q2Q1通过导线与U3与非门的两个输入端U3:1、U3:2相连,因此,当Q2Q1 = 11,与非门的输出端U3:3立即出现_____(高/低)电平,U2的允许装载预置数PL' =_____有效,计数值Q3Q2Q1Q0 =_____。

当Q3Q2Q1Q0重装载为D3D2D1D0时,即Q2Q1 = 00,那么与非门输出羰U3:3立即出现_____(高/低)电平,U2的允许装载预置数PL' =_____无效,U2处于加法计数,重新从Q3Q2Q1Q0 =_____开始对输入的CLK时钟信号进行_____计数。

2) 计数显示驱动

U1计数值Q3Q2Q1Q0分别通过导线与U1的_____引脚连接,做为七段译码器BCD码的输入值,经过U1译码转换为_____码,驱动共阴数码管显示数字。

3) 打包信号产生

当Q2Q0 =_____,与非门的输出端U3:6立即出现低电平,Q2Q0为其他值时,与非门的输出端U3:6立即出现_____电平。

现场应用工程师(FAE)签名_____

_____年_____月_____日_____时_____分

(二) 电路调试

已按照《电路装接作业指导书》装配出如图10-3-2所示针剂打包控制电路装配实物,并且通过装接质量检测流程,确认装接质量合格。

1.整备电路

(1) 按表10-3-1所示,把各个IC插入对应的IC插座,注意芯片方向,找对1号脚。

表10-3-1　模块名称对照表

PCB标号	IC型号	PCB标号	IC型号	PCB标号	IC型号
U1	74LS48	U2	74LS191	U3	74LS00

图10-3-2 针剂打包控制电路装配实物图

（2）T1、T2接好跳线帽。

如图10-3-2所示，T1、T2接好跳线帽。

2.调试方法

电路正常工作，输入f = 1Hz，V_p = 3V的方波信号，观察数码管显示的十进制数是否如图10-3-3所示；输入f = 10Hz，V_p = 3V的方波信号，用示波器测量CLK、J1的波形信号，观察是否每六个CLK脉冲，J1就会输出一个高电平脉冲。

图10-3-3 针剂打包控制电路数码管显示变换图

3.调试过程

对照10-3-1所示原理图与10-3-2所示实物图，完成以下任务：

1）给电路供+5V直流电压

—— 启动直流稳压电源，设置输出+5V电压；

—— 电源允许电压输出；

—— 选用万用表直流电压挡 ≥ 10V量程，红表笔接"V"端，黑表笔接公共端。

—— 测量值为DC_____V，电源供电　合格 □　不合格 □

判断标准：等于设定电压值。

—— 电源关闭电压输出，把电路板的供电端子与直流稳压电源输出连接好。

2）确认芯片通电正常

—— 电路接DC+5V；

—— 数字万用表选用直流电压挡 ≥ 10V量程，确认红表笔插入电压端，黑表笔插入公共端；

——黑表笔接地，红表笔接测试引脚，如果测U1:16脚电压约为_____V，测芯U1:8脚电压约为_____V。

——芯片供电　正常 □　不正常 □

判断标准： U1:16与U1:8之间的电压约为5V。

3）输入时钟信号

——启动信号发生器，选用CH1通道；

——信号参数设置为：方波，f = 1Hz，V_p = 3V，允许信号输出；

——信号输出的红夹子接电路的CLK，黑夹子接电路GND；

——允许信号发生器信号输出。

4）计数与显示功能调试

——待控制电路经过第一轮循环计数后，再观察数码管输出符号；

——观察结果填入图10-3-4。

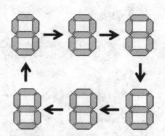

图10-3-4　针剂打包控制电路数码管显示记录图

——电路计数与显示功能　正常 □　不正常 □

判断标准： 图11-3-4与图11-3-3变换一致。

5）校正示波器

——启动示波器，选择CH1，设置耦合方式为交流，探笔与CH1端子连接；

——示波器探针连接示波器的1kHz基准方波，黑夹子接示波器基准信号的GND；

——按"Auto"键，观察示波器显示波形；

——示波器CH1工作　正常 □　不正常 □

判断标准： 显示波形为方波，频率为1kHz。

——选择CH2，设置耦合方式为交流，探笔与CH2端子连接；

——示波器探针连接示波器的1kHz基准方波，黑夹子接示波器基准信号的GND；

——按"Auto"键，观察示波器显示波形。

——示波器CH2工作　正常 □　不正常 □

判断标准： 显示波形为方波，频率为1kHz。

6）打包信号输出调试

——示波器CH1探笔黑夹子接电路GND，探针接P2:CLK引脚；

——示波器CH2探笔黑夹子接电路GND，探针接U3:6引脚；

——按"Auto"键，观察示波器显示波形；

—— 显示结果记录在图10-3-5。

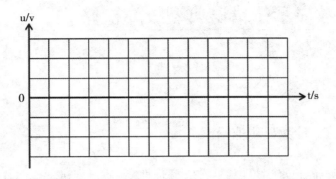

图例：——CH1波形　……CH2波形

图10-3-5　针剂打包控制电路CLK与打包信号波形图

—— 打包信号输出　正常 □　不正常 □

判断标准：每六个CLK时钟信号，就会输出一个低电平打包信号脉冲。

7) 调试结论

针剂打包控制电路对CLK时钟信号进行_____计数，计数周期为_____(十进制数)，即每计数_____个CLK时钟信号，就输出一个低电平脉冲的打包信号。

现场应用工程师(FAE)签名_____

_____年_____月_____日_____时_____分

任务四 计数显示值错误典型故障检修

适用对应职业岗位 AE/FAE

(一) 典型故障现象:计数显示值错误

针剂打包控制电路已经通过电路调试,验证性能、质量合格。请你参照图10-4-1所示原理图,完成以下任务:

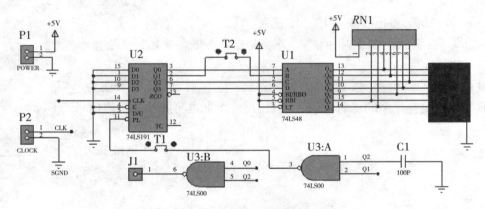

图 10-4-1 针剂打包控制电路原理图

(二) 计数显示值错误故障排除

模拟故障电路设置说明:由几个独立模块集成的芯片,由于模块与模块之间信号传输出现丢失或衰减过大等原因导致电路故障,本次实训设置跳线T1连接,T2断开,模拟U2的计数输出端与U1的BCD码输入端之间出现信号丢失,导致数码管显示计数值错误的典型故障。

1. 电路通电

——电源允许电压输出,电路通电。

2. 观察故障现象

1) 输入时钟信号

—— 启动信号发生器,选用CH1通道;

—— 信号参数设置为:方波,f = 1Hz,V_p = 3V,允许信号输出;

—— 信号输出的红夹子接电路的CLK,黑夹子接电路GND;

—— 允许信号发生器信号输出。

2) 观察数码管显示

—— 待控制电路经过第一轮循环计数后,再观察数码管输出符号;

—— 观察结果填入下图10-4-2。

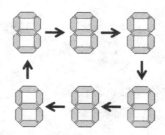

图10-4-2　针剂打包控制电路数码管显示记录图

—— 电路显示功能　正常 □　不正常 □

判断标准：图10-4-2与图10-4-3变换一致。

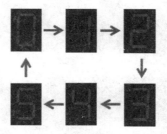

图10-4-3　针剂打包控制电路数码管显示变换图

3) 打包信号输出调试

—— 示波器CH1探笔黑夹子接电路GND，探针接P2：CLK引脚；

—— 示波器CH2探笔黑夹子接电路GND，探针接U3：6引脚；

—— 按"Auto"键，观察示波器显示波形；

—— 显示结果记录在图10-4-4。

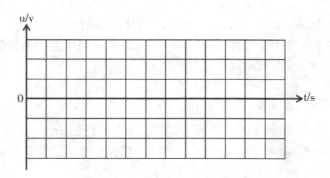

图例：——CH1波形　　——CH2波形

图10-4-4　针剂打包控制电路CLK与打包信号波形图

—— 打包信号输出　正常 □　不正常 □

判断标准：每六个CLK时钟信号，就会输出一个低电平打包信号脉冲。

3．故障原因分析

1）正常现象分析电路情况

电路通电后，输入方波，$f = 1kHz$，$V_p = 3V$的CLK时钟信号，电路的打包输出信号正常，对照电路原理图及电路功能分析，可以做如下推断：

—— 电源供电正常；

—— U1加法计数正常，计数值输出正常；

—— U3A、U3B两个与非门工作正常。

2）故障现象分析

电路通电后，输入方波，$f = 1kHz$，$V_p = 3V$的CLK时钟信号，对照电路对照电路原理图、数码管显示编码及电路功能分析，可以做如下推断：

—— 因数码管能显示2，3，6，说明七段LED显示正常；

—— U1译码可能不正常；

—— DCBA输入可能不正常。

4．排查故障部位

1）排查对象

通过故障原因分析，先排查DCBA输入是否正常，先排查U1译码是否正常。

2）排查方法

信号注入法。

3）排查过程

输入时钟信号

—— 启动信号发生器，选用CH1通道；

—— 信号参数设置为：方波，$f = 1kHz$，$V_p = 3V$，允许信号输出；

—— 信号输出的红夹子接电路的CLK，黑夹子接电路GND；

—— 允许信号发生器信号输出。

校正示波器

—— 启动示波器，选择CH1，设置耦合方式为交流，探笔与CH1端子连接；

—— 示波器探针连接示波器的1kHz基准方波，黑夹子接示波器基准信号的GND；

—— 按"Auto"键，观察示波器显示波形。

—— 示波器CH1工作　正常 □　不正常 □

判断标准：显示波形为方波，频率为1kHz

—— 选择CH2，设置耦合方式为交流，探笔与CH2端子连接；

—— 示波器探针连接示波器的1kHz基准方波，黑夹子接示波器基准信号的GND；

—— 按"Auto"键，观察示波器显示波形。

—— 示波器CH2工作　正常 □　不正常 □

判断标准：显示波形为方波，频率为1kHz。

对比检测U2的Q0，U1的A

—— 示波器CH1探笔黑夹子接电路GND，探针接U2：3引脚；

—— 示波器CH2探笔黑夹子接电路GND，探针接U1：7引脚；

—— 按"Auto"键,观察示波器显示波形。

—— U2:3的输出信号与U1:7输入信号　一致 □　不一致 □

对比检测U2的Q1,U1的B

—— 示波器CH1探笔黑夹子接电路GND,探针接U2:2引脚;

—— 示波器CH2探笔黑夹子接电路GND,探针接U1:1引脚;

—— 按"Auto"键,观察示波器显示波形。

—— U2:2的输出信号与U1:1输入信号　一致 □　不一致 □

对比检测U2的Q2,U1的C

—— 示波器CH1探笔黑夹子接电路GND,探针接U2:6引脚;

—— 示波器CH2探笔黑夹子接电路GND,探针接U1:2引脚;

—— 按"Auto"键,观察示波器显示波形。

—— U2:6的输出信号与U1:2输入信号　一致 □　不一致 □

对比检测U2的Q3,U1的D

—— 示波器CH1探笔黑夹子接电路GND,探针接U2:7引脚;

—— 示波器CH2探笔黑夹子接电路GND,探针接U1:6引脚;

—— 按"Auto"键,观察示波器显示波形。

—— U2:7的输出信号与U1:6输入信号　一致 □　不一致 □

分析:U2的Q0,Q2,Q3输出信号与U1的A,C,D输入信号_____,所以它们之间的信号传输正常;而U2的Q1输出信号与U1的B输入信号_____,怀疑Q1与B之间的传输导线有问题。

5.排除故障

—— 选择长度适用、线径1mm的跳线,确认导通良好;

—— 电路掉电,用跳线直接连接U2:2与U1:1;

—— 电路通电,数码管显示正常;

—— 电路掉电,用跳线帽连接T2两个引脚。

6.维修结论

—— 故障现象消失,故障已解决。

现场应用工程师(FAE)签名_____

_____年_____月_____日_____时_____分

参考文献

［1］ 阎石. 数字电路技术基础［M］. 6版. 北京：高等教育出版社. 2016.

［2］ 余孟尝. 数字电路技术基础简明教程［M］. 北京：高等教育出版社. 2018.

［3］ 郭永贞，许其清，袁梦，等. 数字电子技术［M］. 南京：东南大学出版社. 2018.

［4］ 李可为. 电子技术实验教程［M］. 重庆：重庆大学出版社. 2019.

［5］ 潘银松. 数字电子技术仿真、实验与课程设计［M］. 重庆：重庆大学出版社. 2018.

［6］ 张玉茹. Proteus 电工电子仿真技术实践［M］. 哈尔滨：哈尔滨工业大学出版社. 2015.

［7］ 李立，陈艳，冯文果，等. 实用电子技术基础实验指导［M］. 重庆：重庆大学出版社. 2017.

［8］ 国际电子工业联接协会（IPC）. 电子组件的可接受性要求（IPC-A-610H-2020）［S］. 2020.

［9］ IEC61191-1-2018，印制板组件-第1部分：通用规范-使用表面贴装和相关装配技术的焊接电气和电子组件要求［S］. 2018.

［10］ QJ 3117A-2011，航天电子电气产品手工焊接工艺技术要求［S］. 2011.

［11］ Alexander M. Digital Logic Testing and Simulation［M］. John Wiley & Sons, Inc.2003.

［12］ 吴智勇，张莹. 标准作业指导书体系的构建与实施［J］.中国标准化，2021（08）：21-5.